わかりやすい記憶力の鍛え方

脳を活性化させる習慣とテクニック

児玉光雄

著者プロフィール

児玉光雄（こだま みつお）

1947年兵庫県出身。追手門学院大学特別顧問。元鹿屋体育大学教授。京都大学工学部卒業後、カリフォルニア大学ロサンジェルス校（UCLA）大学院に学び、工学修士号を取得。米国五輪委員会スポーツ科学部門本部の客員研究員として米国オリンピック選手のデータ分析に従事。専門は臨床スポーツ心理学、体育方法学。右脳と記憶の関連性について研究を積み重ね、落語のもちネタは50以上を誇る。脳トレ本も多数刊行。おもな著書は、『勉強の技術』『逆境を突破する技術』（ともにサイエンス・アイ新書）、『60代から簡単に右脳を鍛えるドリル』（知的生き方文庫）など180冊以上。日本スポーツ心理学会会員。

本文デザイン・アートディレクション：クニメディア株式会社
イラスト：ばじい
校正：曽根信寿

はじめに

ひょっとしたら、この本があなたの運命を変えるかもしれません。

2017年7月27日に厚生労働省から発表された日本人の平均寿命は、男性80.98歳、女性87.14歳です。一方、健康寿命はといえば、男性72.14歳、女性74.79歳。健康寿命は男性で8.84歳、女性では12.35歳も平均寿命より低いのです。

いくら長寿を実現しても、健康でなければなりません。健康寿命を引きあげるには、脳を鍛えてその活性化を図る必要があります。その効果的な具体策の1つが記憶力を高めることであると、私は考えています。

記憶力を増進すれば、たんに物事を効率的に覚えられるだけでなく、脳の活性化を促進して若返らせてくれるという、一石二鳥の効果があるのです。

そのために、この本に書かれているさまざまなテクニックを駆使して、日常生活の中で積極的に記憶力を高めることに努めてほしいのです。

さて、50年前の昔話を延々と話せるお年寄りが、昨日の晩ご飯になにを食べたかをまったく記憶していないことは、めずらしくないですよね。年をとればとるほど、長い間保持される**長期記憶**よりも、短い間しか保持されない**短期記憶**の力が衰えてきます。言い換えれば、短期記憶を定着させるテクニックをマスターしさえすれば、記憶力が増進するのです。

短期記憶の典型例の1つに**ワーキングメモリー**があります。ワーキングメモリーは日本語に訳すと「作業記憶」と呼ばれ、これは長期記憶と対極にあるものです。

日常生活の中でこのワーキングメモリーを使う機会は満ちあふれています。たとえば今日の夕飯の食材は、スーパーに行って買い求めるときに一時的に記憶しておくだけの、あとは忘れていいワーキングメモリーです。冷蔵庫の中にある食材も、代表的なワーキングメモリーです。

短期記憶の典型例であるこのワーキングメモリーに関与しているのが、脳内にある**海馬**（かいば）という小さな器官です。加齢による海馬の衰えとともに、このワーキングメモリーを使う力はどんどん低下していくのです。

実は、先ほど述べたお年寄りと晩ご飯の話は、海馬の機能低下に起因しているのです。だからまず、この海馬を鍛えることが記憶力増強のカギなのです。

もう1つ記憶力を増進するために大切なのが、リハーサルを繰り返すこと。「念には念を入れる」という言葉がありますが、事柄を繰り返しリハーサルするという、この泥臭い習慣にまさる記憶テクニックはあまり見あたらないのです。

それに加え、記憶することに興味をもたねばなりません。受験勉強のため、あるいは資格試験の勉強のために渋々記憶するのと、興味をもって意欲的に記憶するのでは、その効率はまったく違ったものになります。

結論として、記憶力を増進させるには、基本的な記憶力増進のテクニックを身につけるだけでなく、ふだんから日常習慣の中で意識的に記憶することに興味をもって、繰り返しリハーサルすることが肝要なのです。

この本に収録されているテクニックを駆使して、意識的に記憶する習慣を、日常生活の中に組み込んでください。そうすればあなたは短期間のうちに、驚くほど記憶の達人に変身していることに気づくはずです。

なお本書は、2009年に刊行され、ご好評をいただいた拙著『マンガでわかる記憶力の鍛え方』を改訂し、イラストやレイアウトを刷新したものです。同書をご愛読くださった方々、本書を手にとってくださった方々、そして制作にかかわった皆さんに感謝の意を表します。

2018年4月　追手門学院大学特別顧問 児玉光雄

わかりやすい記憶力の鍛え方

CONTENTS

CONTENTS

20秒
スー
誰に似てるかなー

序章

記憶することは究極の知的快感行為

人間はなぜ、記憶するという行為を身につけたのでしょうか？　本章ではまず、記憶することの意義と、記憶の基本的なメカニズムについて解説します。記憶する行為が脳におよぼす影響とその効果について、まず学んでいきましょう。

記憶するとはどういうことか

記憶する行為は、人間の知的快感を満たす典型的な行為です。あなたが知的快感に満たされて記憶しているとき、脳内には**ドーパミン**という**神経伝達物質**が多量に分泌され、それが**A10神経群**という、ひらめきや独創性を生みだす行為と深い関連性のある神経組織を活性化してくれるのです。

この物質は、人間の脳の司令塔と呼ばれる**前頭連合野**(ぜんとうれんごうや)で多く分泌されます。たとえば、「絶対この項目を記憶してやる!!」という強い意志や、「記憶することが楽しくて仕方がない」という強い快感がドーパミンの分泌を促し、その結果、あなたの記憶力を飛躍的に増進してくれるのです。

人類を爆発的に進歩させたのは、「知的快感への異常ともいえる執着心である」と、私は考えています。本能的快感を得られる行動、その典型例である「眠る」「食べる」「セックスをする」といったものだけに終始していたとしたら、たぶん人類はこれほど進化しなかったはずです。

これに関して、カナダのマギル大学のジェームス・オールズ教授は、こう語っています。

「知的快感を手に入れた瞬間、人類は飛躍的な進化の旅を開始し始めた」

彼はラットを用いた実験により、脳に快感神経があることを見いだしました。快感の電気刺激を受けたラットは絶え間なくこの刺激に反応して、脳の活性度は異常に高まったのです。

これはもちろんラットだけにとどまらず、人間にも適用できます。つまり私たちは記憶するという行為により、快感神経を刺激し、脳の活性度を高めることができるのです。

ただし同じ記憶をするにも、たんなる丸暗記では、この快感神経を刺激することはできません。つまり、さまざまな工夫をこらして記憶することが、人間の保持している脳の潜在能力を目いっぱい発揮するための、理想的な行為なのです。

もっといえば、脳をフル稼働させて記憶する習慣を身につけることにより、脳に多大な刺激が加わり、ひらめきや直感という大切な機能まで高めてくれるのです。

それではここで簡単に、記憶のメカニズムについて解説しましょう。記憶は、おもに以下の**3段階のプロセス**により行われます。

まず第1段階が、脳に入力された情報を脳内のどこかに記録する**記銘**（きめい）という作業です。しかしこのまま放っておくと、この情報は自然に消え去る運命にあります。

第2段階が、**保持**という作業です。繰り返し記銘することにより入力された情報をリハーサルすることで、自動的にその情報は**大脳新皮質**で安定的に保持されるのです。

そして最終の第3段階が、**想起**という作業です。保持された情報を、必要なときに自由自在に出力する作業です。

人間の高次な営みであるひらめきや直感といったものは、まさしくこの想起にゆだねられます。それはまるで長期間、樽の中で醸成された末に生まれるワインのようなもの。本人の思索と瞑想により脳内でさまざまな反応が起こり、鋭い直感が働いたり、革新的なアイディアが生まれるのです。

多種多様な情報を脳に入力するだけでなく、想起の作業を繰り返すことにより、記憶の保持力は飛躍的に高まり、その結果ど忘れが激減するのです。

繰り返しましょう。記憶する行為は、あなたの知的快感を満たす格好の作業であり、同時に脳の活性化に貢献してくれる一石二鳥の行為なのです。

第1章

記憶のメカニズムを理解する

記憶といっても、実はさまざまな種類があることをご存じでしょうか。本章では、短期記憶と長期記憶、宣言的記憶と非宣言的記憶の違いから、記憶の保存場所、そしてなぜ好きなことは記憶できて嫌いなことは記憶できないか、などまで解説していきます。

ど忘れの原因は海馬にあった

年をとるとともに、ど忘れが目立つようになります。最近あなたにもこのような経験はありませんか？

・昨日食べた夕食のメニューがなかなか思いだせない

・スーパーから戻って買い忘れたものがあるのに気づく

・外出してカギをかけてきたかどうかわからず、不安になって家に戻ることがある

実は、年をとるとともに目立って衰えるのが**短期記憶**です。そのカギを握っているのが、**海馬**（かいば）という脳の器官です。海馬はおもに、短期記憶に関連しています。

だから、ど忘れこそ、自覚症状としての海馬の機能低下をわかりやすく私たちに示してくれるメッセージなのです。

海馬という名前は、その形がタツノオトシゴに似ていることに由来しています。海馬は**大脳辺縁系**（だいのうへんえんけい）にある左右一対の器官で、大

人の親指程度の小さなものですが、記憶に多大な影響を与えているのです。

昔からいわれる頭の回転が悪いことのたとえである「あいつは血のめぐりが悪い」という表現は、実は脳の中で実際に起こっていることなのです。年をとるとともに、生理的な衰えにより脳に行きわたる血液の量は、どんどん低下していきます。それにともない、血液といっしょに運ばれる酸素量も低下するのです。

つまり、十分な酸素を摂取できない脳細胞は、死滅する運命にあるのです。これをもっとも顕著に示す事実があります。それは、炭鉱事故による一酸化炭素中毒患者の症例です。たとえ命拾いしても、彼らの記憶力が極度に低下してしまうケースが多いのです。その原因は、海馬への酸素供給停止による細胞壊死（えし）にあったのです。

つまり海馬の細胞は、酸素不足によって簡単に死滅するのです。このような極端な例をだすまでもなく、年をとるとともに生理的に海馬は酸素不足状態に陥っていき、当然それが海馬の機能低下につながって、ど忘れを引き起こすのです。

繰り返しましょう。直近のことを覚えていないことこそ、あなたの脳の黄信号なのです。

一方、長期記憶はどうでしょう。脳の細胞が壊死していっても、過去の記憶を保存している大脳新皮質の細胞量は、海馬のそれと比較にならないほど多いのです。

だから、少々の脳細胞の欠落くらいで記憶が阻害されることはほとんどありません。大脳新皮質に保存されている長期記憶は1か所に集中的に記憶されているのではなく、分散されて記憶されているため、細胞の死滅によって長期記憶が薄れることはあっても、記憶されたものが突然すべて消滅する心配はないのです。

お年寄りが小さいころの思い出を詳しく話せるのも、いかに長期記憶が安定しているかを証明する事実です。若いころに記憶した情報は、いくつになっても驚くほど新鮮な状態で保存されているのです。

さまざまな医学データからも、年をとると脳全体が衰えていくのではないことが判明しています。政治家や学者のように、年をとっても脳を積極的に使っている人なら、高度な思考や分析を司（つかさど）る前頭連合野は、あまりダメージを受けません。ところが、こんな人たちでも、記憶にかかわる海馬と側頭葉は衰えていくというのです。

特に海馬では10年ごとに4～5パーセント、80歳になるまでに20歳前半のピーク時と比べて30パーセント近くの神経細胞が死

減している、というデータがあります。これに生活習慣病特有の高コレステロールや糖尿病によって血液の粘度の高まりが加わって、脳に行きわたる酸素量はどんどん低下していき、海馬の細胞を着実に死滅させていきます。これがど忘れを加速させるのです。

ちょうどあなたがジョギングや筋力トレーニングで身体を鍛えるように、海馬を鍛えて脳の血流も増加させることが重要です。それによって、海馬は活発に働くようになります。海馬トレーニングこそ、脳の若さを維持する武器となるのです。

記憶にもさまざまな種類がある

それでは、ここで記憶の種類について考えてみましょう。記憶研究の世界的権威者であるカリフォルニア大学サンディエゴ校のスクワイア教授は、記憶をいくつかの種類に分類しています。

ふつう、私たちが記憶として理解しているのは、海馬を介在させた知識や出来事の記憶です。これらは**宣言的記憶**(せんげんてききおく)、あるいは**顕在記憶**(けんざいきおく)と呼ばれます。

宣言的記憶には2種類ある

宣言的記憶
- 意味記憶：すべての人間に共通の事実
- エピソード記憶：自分の体験に関する記憶

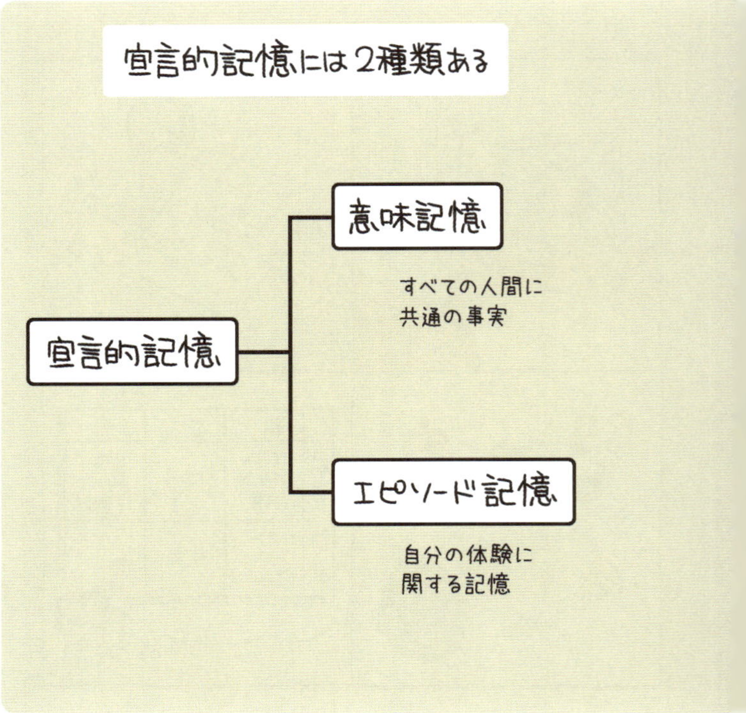

宣言的記憶は2つの種類に分けられます。**意味記憶**と**エピソード記憶**です。私たちが学生時代に学んだいわゆる「暗記物」と称せられる知識は、そのほとんどが意味記憶です。「自動車はガソリンで走る」とか、「フランスの首都はパリである」といったような、すべての人間に共通の事実は、意味記憶です。

エピソード記憶とは、「昨日家族で近くのレストランに行って夕食を食べた」とか、「彼女といっしょに映画『君の名は。』を観にいった」というような、自分の体験に関する記憶です。どうしてこのような分類になるかというと、この2種類は記憶のメカニズムが

異なっているからです。

それに関して、あるカナダの患者について、記憶障害の実例があります。彼は自分の自動車の写真を見ると、それが自分の自動車であることは難なく認識できました。

ところが、「昨日この自動車でどこに行きましたか？」という質問には、まったく答えられなかったのです。つまり、彼は意味記憶に関しては正常だったのですが、エピソード記憶を保持する能力が失われてしまったのです。

思い出という記憶は、その人の成長によってどんどん増殖し、それがその人間の個性というものを形成していきます。つまりエピソード記憶は、その人間が死ぬまで休むことなく脳に刻み続けられていくのです。

そして、その人間特有の記憶の糸によって織りあげられた、この宇宙に1つしかない「体験という絨毯（じゅうたん）」をつくりだしています。

もちろん、意味記憶とエピソード記憶がメカニズムとしてどのように記憶されるのか、あるいは記憶されている脳の部位がどう違うのかなど、まだまだ解明されていないことも多いのです。

それでは、宣言的記憶と対比される記憶はなんでしょう？　それは**非宣言的記憶**、あるいは**潜在記憶**と呼ばれているものです。その代表的なものが**運動技能反射**です。スポーツの技術や陶芸、絵画、楽器演奏などの熟練の技術は、すべてこれに属します。

一般的に私たちが「頭のよい人間」といっているのは、意味記憶がすぐれた人間のことを指しています。しかし、甲子園に出場する高校球児やヴァイオリンの天才も、実はそれ以上に「頭のよい人間」なのです。

もう1つの非宣言的記憶の代表的なものが、**条件反射**です。道を歩いていて、ヘビが薮（やぶ）からでてきたとたんに反射的に「ギャー」

と声をだして飛びあがるのが、その典型例です。あの有名なパブロフの犬の実験以来、この研究は相当進んでいます。

進化の過程から見れば、まず人間は非宣言的記憶である条件反射や運動技能反射を手に入れたのです。次に、ほかの動物との差別化を図るために、宣言的記憶を身につけたといえます。

私たち人間は進化の過程で、新しい形態の記憶をどんどん獲得してきました。しかし一方で、情報を詰め込むことだけが進化ではないということを、そろそろ私たちは悟らねばならない時代に差しかかっているのも事実なのです。

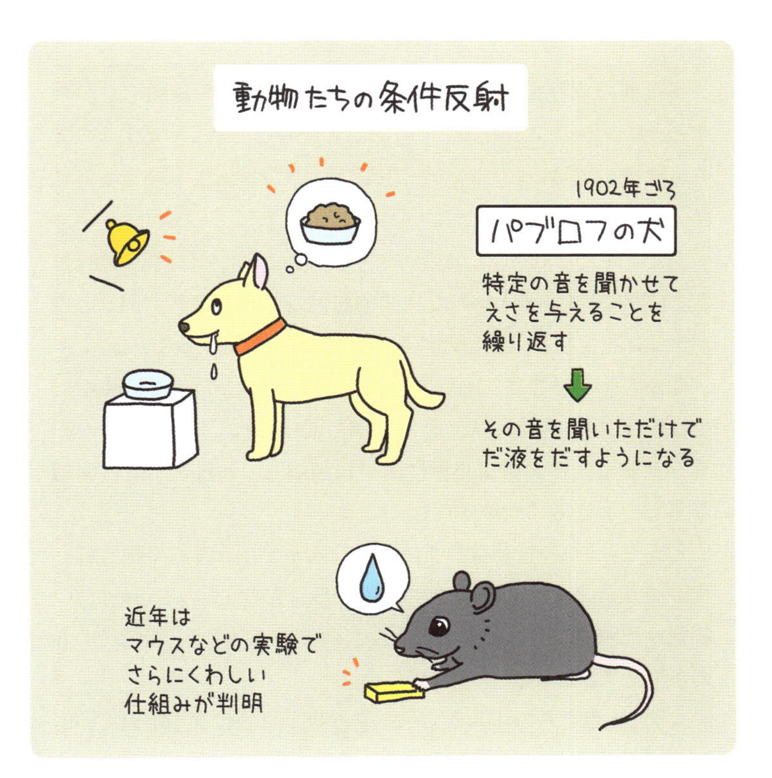

記憶はどこに保存されるのか？

記憶は脳のどの部分に保存されるのでしょうか？　実はこれに関しては、まだまだ解明されていないことのほうが多いのです。

東京大学医学部の宮下保司教授らは、サルにコンピュータ・グラフィックスの模様を当てさせる実験をしました。その結果、サルはほとんど間違えることがないほど、その図形を正確に記憶できたのです。このときサルの脳のどの部位が活動しているかを微小電極によって調べたところ、明らかに側頭葉が活動していました。

また別の実験では、自分の家から目的地までの道順を思いだすときに、脳の頭頂葉が活動することが確認されています。つまり、**記憶の種類によって、その貯蔵庫は大脳新皮質のさまざまな部分に分散している**のです。

たとえば人間の場合、身の回りの出来事に関しては**前頭連合野**、どこになにがあるかといった空間的記憶は**頭頂連合野**、顔などのパターン記憶は**側頭連合野**に保存されることがわかっています。

しかもその記憶は、細胞1つに記憶情報1つといった単純な形では記憶されていません。そんな形で記憶されていれば、その細胞が死滅したら大切な記憶は簡単に消滅して、日常生活に深刻な事態を引き起こすからです。

どうやら1つの情報は、まばらに分散している複数の細胞にうまく刷り込まれているようです。だから、そのうちのどれか1つの細胞が死滅しても、記憶の鮮明度が弱くなるだけで、記憶そのものが消えることはないのです。

人間1人ひとりの体験がすべて違う以上、脳に記憶されている

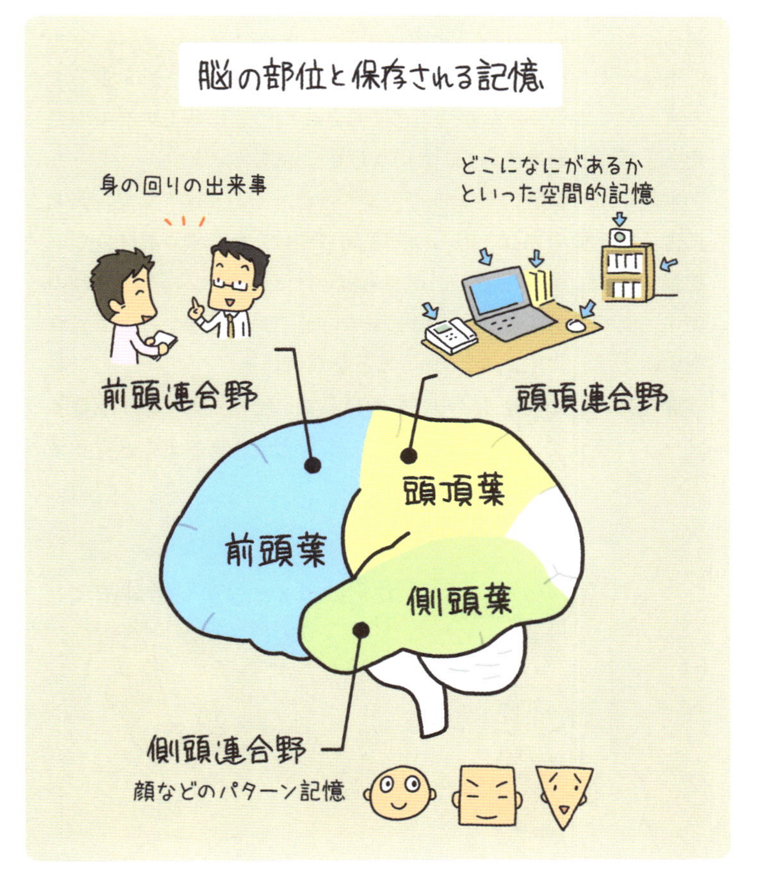

情報の分布もさまざまです。たとえば、経済にくわしい人とゴルフがうまい人とでは、記憶されている情報の分布はまったく違ったものになります。

しかも、脳が刺激されている部分、たとえば経済にくわしい人の経済用語を記憶している部分は、そうでない人の部分よりも、新しい経済用語を記憶する条件が整っています。

ちょうどこれは、なにもないところに最初のクモの糸を張るよりも、すでにクモの糸が張りめぐらされた部分に新しいクモの糸を張るほうが簡単である、という理屈で説明できます。

もちろん、**記憶は興味とも深くかかわっているはず**です。興味によって記憶の糸は、しっかりと結びつけられます。興味がない記憶の糸は、ちょっとした風でもほどけて飛んでいってしまうのです。興味のあることは記憶しやすいが、興味のないことは忘れやすいという事実は、そういうことなのです。

記憶はおもに視覚イメージを幹にして、聴覚イメージ、触覚イメージ、嗅覚イメージ、味覚イメージなどのさまざまな感覚イメ

ージが枝葉となり、補強されていきます。

たとえば、去年の夏休みに行った海水浴の記憶をたどれば、海岸の景色だけでなく、さざ波の打ち寄せる音や、海の家から聞こえてきた音楽といった聴覚イメージによって補強され、より鮮明なイメージとして浮かびあがってくるのです。

あるいは潮の香り（嗅覚イメージ）や、泳いだときに味わった海水の塩辛さ（味覚イメージ）、そして砂浜を歩いたときに足の裏で感じた砂の感触（触覚イメージ）などが加わって、イメージはますますリアルなものになっていくはずです。

イメージを鮮明につくるテクニックを身につけることが、海馬を興奮させて、その活性化に貢献してくれます。

ここで、車を使ったこんな実験をしてみましょう。まず、助手席に家族の誰かを乗せて、おしゃべりをしながら車を運転してみましょう。自宅の周りを思いつくまま5分間運転して、自宅に戻りましょう。

今度は1人で運転しながら、自宅の周りの別なルートを、同じく5分間かけて運転して自宅に戻ってきましょう。

それでは、この2種類のドライブの情景を思い浮かべたとき、どちらのイメージが鮮明に浮かんでくるでしょうか？　答えは、助手席に家族を乗せて話をしながら運転したときです。

そのときは、会話による聴覚イメージと運転席から見える視覚イメージが連動して、どこを運転しているときにどんな会話をしたかまで鮮明に浮かびあがってくるはずです。

一方、1人で運転した場合はどうでしょうか？　もちろん、記憶は視覚イメージとなり浮かびあがってくるのですが、しゃべりながら運転していたのとは比べものにならないくらい、その印象が薄いことがわかります。しかもこの差は、時間の経過によってどんどん拡大していくのです。

その日の夜、この2つのイメージを思い浮かべたとき、助手席の人とおしゃべりしながら運転した情景は驚くほど鮮明に残っているのに、1人で運転した景色はほとんど忘れかけていることに、あなたは驚くはずです。

さまざまな感覚イメージを総動員して記憶する習慣をつけること。それが記憶力を高める大きな武器になるのです。

さまざまな感覚が記憶をつくる

家族と話しながら5分運転
（運転に支障がでない程度に）

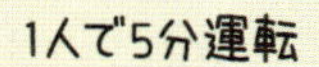

その日の夜
運転したイメージを
思い浮かべてみる

情景が驚くほど鮮明に残る

ほとんど忘れかけている

記憶操作で、好き嫌いが変わる?

人間の脳には、**パペッツの回路**と呼ばれる記憶のハイウェイがあると考えられています。これは米国の解剖学者ジェームス・パペッツが1937年に提唱した理論です。

目や耳から入った情報はまず大脳皮質で処理され、海馬に入ります。海馬に入った情報は、その先端にあって感情をコントロールする**扁桃核**(へんとうかく)との共同作業をへて、海馬の尾の部分である脳弓(のうきゅう)という神経繊維の束を通ったあと、乳頭体(にゅうとうたい)に至ります。

その後、視床前核(ししょうぜんかく)、帯状回(たいじょうかい)という部分をへて、ふたたび海馬に戻るというループを形成します。これを、パペッツの回路と呼び、この**脳内の環状ハイウェイを情報がグルグルと走ることにより、記憶が強化される**のです。

これに関して、立花隆さんの著した『脳を究める』(朝日新聞社)の中で紹介されている、富山医科薬科大学の小野武年教授の話は、実に興味深いものです。

小野教授は、パペッツの回路の舞台となる大脳辺縁系における記憶と情動の仕組みに関する研究における、世界の第一人者です。小野教授の考え方はこうです。

好き嫌いを判断する情動の発現には、扁桃核が主要な役割をはたしています。扁桃核には、あらゆる感覚連合野からのさまざまな情報が入ってきて、価値評価に関する記憶との照合作業が行われます。この価値評価は、生命体が生き残るうえで重要なものです。

たとえば、サルの扁桃核を破壊すると、いままでひと目見ただけで判断できた「食べられる・食べられない」がわからなくなって

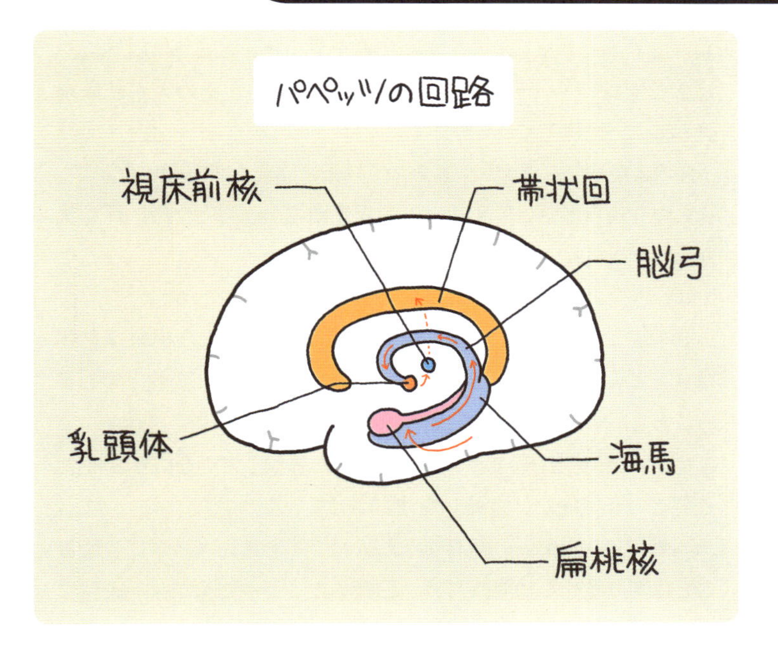

しまいます。だから、ふつうなら食べられないことがわかっているはずの積み木やビニールテープなども、平気で口にもっていくといいます。

しかも、もっと驚くことに、このサルはヘビを見るとすぐに逃げていたのに、扁桃核を破壊されたために、ヘビを手でつかんで頭からかじったりするのです。つまり、**扁桃核は「好き嫌い」だけでなく、「恐怖心」もコントロールしている**のです。

このことからわかるのは、私たちも、食べ物を1つずつ記憶している海馬と、その好き嫌いを判断する扁桃核とで常に情報交換をしながら、食事をしているという事実です。

たとえば、牡蠣（カキ）が食べられない人のほとんどは、過去に牡蠣を食べて食あたりをした人です。牡蠣を見ると、とっさに扁桃核が反応して嫌いというメッセージを発信するので、その人が牡蠣を食べることは決してないのです。
「仲のよかった友達がケンカをして以来、険悪な仲になった」
「いつも通っていた英会話学校の先生が変わったとたん、行く気がなくなった」
「大好きな野球が、デットボールを受けて嫌いになった」
　このようなことは、日常茶飯事です。つまり、ある出来事を体験することによって、好きだったことが突然嫌いに変貌してしまうこともめずらしくないのです。
「食べず嫌い」というのがあります。まだ体験していないものでも、連想という機能が好き嫌いを生じさせているのです。
　エビでアレルギーの経験をした人は、もちろんエビを口にすることはありません。同時にカニを食べたことがなくても、連想によって「カニとエビは親類だ。エビを食べてアレルギーになったのだから、カニを食べても必ずそうなるはずだ」と考えてしまい、扁桃核はそう反応します。確かにエビとカニの両方にアレルギーを示す人は少なくありませんが、自分がそうでない（カニは大丈夫）とわかったとしても、カニを食べることに躊躇（ちゅうちょ）してしまうのです。
　ところが、なにかのはずみで少しカニを食べたら、とてもうまかった。もちろん、アレルギー症状もでなかった。すると、扁桃核に刷り込まれたメッセージは簡単に書き換えられる運命にあります。
　つまり、**人間の好き嫌いというものは、直前のささいな経験によって簡単に書き換えられる**のです。記憶をうまく操作することによって、毛嫌いしていた人を好きになれたり、気乗りがしなかったことに没頭できることは、知っておいてよい事実です。

「嫌い」と記憶の関係
1度の食あたりで
もう食べられない……
ケンカで
その後、険悪に…
大好きな野球が
嫌いに……
エビが
ダメだから
カニも……

記憶は出し入れが大切！

数年前のことですが、私が講師を務めた講演会のあと、懇親パーティがあったのですが、80歳になるある企業の会長さんがこんな話をしていました。

「私は昭和1桁生まれなんですが、小学校1年生のときに担任の高田先生から学芸会で浦島太郎をやってほしいといわれて悪戦苦闘してセリフを覚えたことが、まるで昨日のことのように思いだされます。そして、小学校4年生のときに野球チームのピッチャーとして市民大会にでて準優勝をし、そのトロフィを家にもって帰って両親や兄弟に自慢したことも鮮明に記憶しています」

ざっとこんなぐあいに、70年以上も前のことが、まるで映画のように生き生きと浮かびあがってくるのです。ところが昨日のことを質問すると、そのお年寄りの記憶は、とたんに頼りないものになります。

「ところで、昨日の夕食はなにを食べたんですか？」

「アレ、なにを食べたんだろう。エーッと、思いだせません」

この話は、長期記憶と短期記憶の特徴を、私たちにわかりやすく教えてくれます。長期記憶は、鮮明なまま脳内に刻み込まれており、それはいつでも取りだせます。一方、短期記憶は昨日のことなのに、すぐに忘れてしまうのです。

短期記憶はアナログの写真にたとえれば、定着液で処理する前の現像されたフィルムのようなもの。光を当てれば感光して真っ黒になってしまう、とても不安定な記憶です。一方、長期記憶はプリントされたフィルム。年月をへると少しは色あせますが、消

え去ることは決してないのです。

実は短期記憶にかぎれば、記憶容量は驚くほど小さいのです。これは短期記憶を一時的に保存する海馬が小さい器官であることと無関係ではないのですが、**1度の記憶容量は単語で5〜9個である**ことが知られています。

この数字は1956年に『マジカルナンバー7±2』という論文で、その著者であるジョージ・ミラーにより明らかにされたので、ミラーナンバーと呼ばれています。

電話番号の桁数が、長期記憶になりうる市外局番を除いて最大で8桁であるのも、このミラーナンバーに起因するのです。dogやcatのような、複数のアルファベットで構成された単語も1つとカウントされます。

もちろん、この本で紹介するイメージ記憶法やそれ以外の記憶法を用いれば、簡単にミラーナンバー以上の数の事柄を一度に記憶できることは、いうまでもありません。

実は、忘却にも2種類あることがわかっています。記憶自体が消滅してしまっている完全忘却(かんぜんぼうきゃく)が1つ目。そして記憶は脳のどこかに保存されているのですが、そのいわば貯蔵庫がどこかわから

忘却には2種類ある

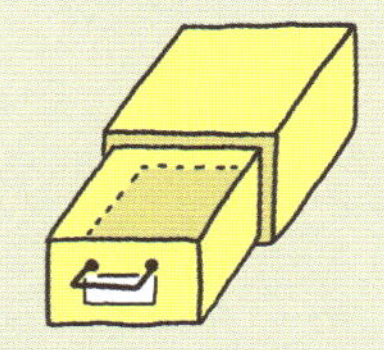

完全忘却
➡ 入れ方を工夫する必要あり

遺失忘却
➡ 出し方がわかればOK

なくなる**遺失忘却**が2つ目です。

完全忘却は再度記憶しなければ再生不可能ですが、遺失忘却は連想によってそのありかが判明するものです。実は、ど忘れの多くが、遺失忘却であることが判明しています。

つまり入力プロセスを強化すれば忘却を防止できるのが完全忘却であり、出力プロセスを強化すれば防止できるのが遺失忘却なのです。だから連想を働かせて記憶の出し入れをひんぱんに行えば、遺失忘却を心配しなくてもよくなるのです。

ここで、記憶を私たちの住む地域に対比させてみましょう。神経経路は、道路にたとえられます。記憶の出し入れをすることにより、道幅はどんどん太くなるのです。記憶されている領域は、その道路に面している倉庫にたとえることができるでしょう。

交通量の多い大通りに面している倉庫を探すのには、苦労しません。あなたという運転手は、倉庫（記憶のありか）の場所を簡単に見つけだすことができるのです。

一方、記憶の出し入れをあまりしない記憶ファイルは、ちょうど迷路のように枝分かれした細い道の片隅にある倉庫のようなもの。運転手であるあなたは、それを探そうとしても道に迷ってしまい、お目あての倉庫をなかなか見つけだせないのです。

ところが、ひんぱんにその倉庫に通いだせば、自然に倉庫にたどりつけるようになります。つまり、**記憶の出し入れをひんぱんに行う習慣をつけることが、ど忘れを防止する秘訣**なのです。

右脳は速度・容量が大きい

最近、将棋の世界がスポットライトを浴びています。中学生の藤井聡太さんが史上最年少の14歳2か月でプロ棋士になり、注目を集めました。さらに2018年2月、羽生善治さんを含む歴戦の棋士を相手に勝利し、一般棋戦優勝の史上最年少記録を更新しています。

羽生さんといえば、2017年12月に、当時の竜王であった渡辺明さんを破り、みごと前人未到の「永世七冠」を獲得した、将棋界を代表する天才です。実は羽生さんの頭の中を、日本医科大学の河野貴美子先生が分析しています（河野先生は脳波分析の権威。ちなみに、私が開発した脳活性トレーニングについても、河野先生に計測してもらったことがあります）。

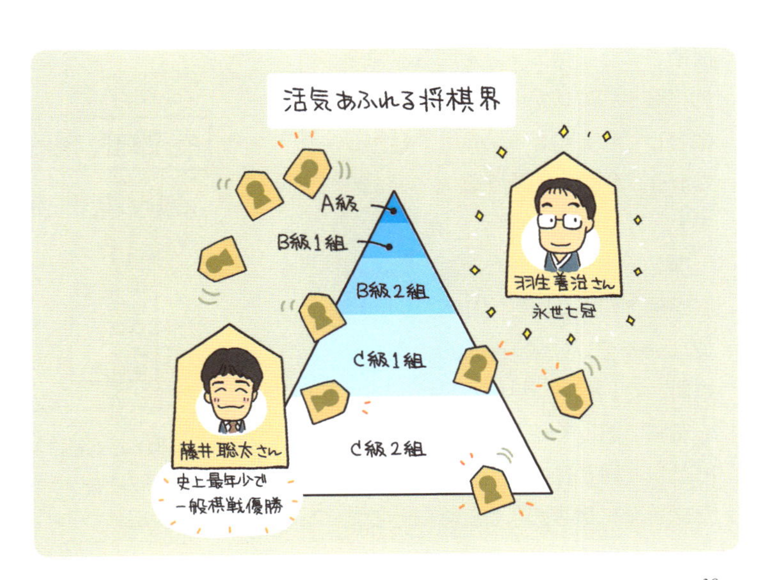

はたして、実際に将棋をしているときの羽生さんの脳では、どの部分が活動していたのでしょう？　この実験は、あるテレビ局の取材で、羽生さんに53手の詰め将棋を解いてもらったときに行われました。

アマチュアなら数日間かかる難問を、羽生さんはたった20分足らずで詰ませます。このとき、羽生さんの頭には、16本の電極が取りつけられていました。これによって、彼の脳のどの部分が働いているかがひと目でわかったのです。

実験が開始されるやいなや、羽生さんの後頭部が活動し始めました。開始から3分の間、羽生さんの**視覚野**が活発に働いていたと考えられます。つまり、彼は盤面の手を画像として入力しながら、駒の位置を記憶していたのです。しかし、まだこの段階では、彼は手を読んではいません。

3分ほど経ったとき、突然**右脳**が働きだしました。これは手の読みが開始された証拠です。それも、**論理的に読むのではなく、羽生さんは映像として駒をイメージの中で動かしながら、感覚的に手を読んでいた**のです。

開始から8分経ったころ、突然**左脳**が働きだしました。実はこのとき、彼は読み違いに気づいたのです。この間、約1分間。仕切りなおしです。

左脳で誤りを確認したあと、実験の最初と同じ後頭部の視覚野がふたたび活発に働きだしました。そして

それから8分間は手を読むために、右脳が働き続けたのです。

開始から17分経ったころ、突然左脳が働きだしました。この状態が3分続いたあと、「詰みました」という羽生さんの声で実験は終了しました。

ここで、もう一度実験を整理してみましょう。この実験で羽生さんの脳には、3つの特徴的なパターンが現れました。

最初は、盤面の手を入力する作業。ここではおもに後頭部の視覚野が働いたのです。**次に肝心の手を読む作業**。この段階では、活発に右脳が働いていました。そして、**ミスに気づいたときや読みを確認・整理する作業**では、左脳が働くことが判明したのです。

河野先生によると、アマチュアの場合、羽生さんと違い、左脳によって手を読むことが多いといいます。情報処理速度で比較す

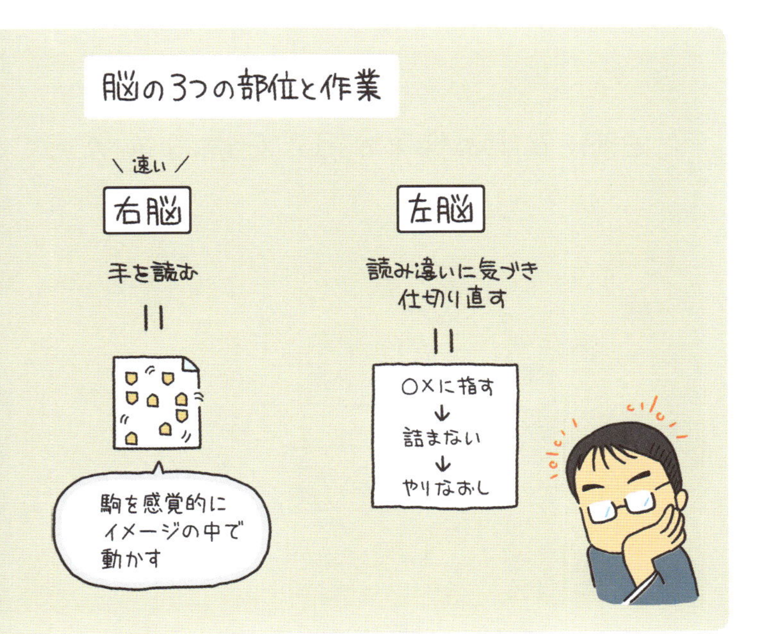

ると、右脳は左脳よりも圧倒的に速いのです。しかも右脳の記憶容量は、左脳のそれとは比較にならないほど大きいのです。

言葉や数字ではなく、画像で処理する思考パターンが将棋には不可欠であることが、この実験で判明しました。

私の専門分野であるスポーツの世界でも、主役を演じるのは右脳です。右脳に記憶された最適なパターンを引っ張りだすことによって、瞬時に高度な技術を発揮することができるわけです。

記憶においても、まったく同じこと。右脳で記憶しながら、左脳で確認作業をする。あるいは右脳を主役にして、左脳がそれを補助するような働きで記憶していく。それが、記憶力を増進させる肝なのです。

右脳で記憶しながら左脳で確認作業をするような、
右脳が主役になるやり方は効率的

左脳でダメ押しする仕組み

右脳を活性化させて画像を取り込む能力を高めたら記憶は万全になるかというと、かならずしもそうはなりません。左脳を連動させなければ、宝のもちぐされになってしまうのです。

確かに画像だけを記憶するなら、それでよいでしょう。しかし、文字や数字が乱れ飛ぶビジネスの社会では、取り込んだ画像を意味のあるものとして記憶するために、左脳もしっかりと働かさなければなりません。さらに身近で日々目にするものでも、たとえば、交通信号機の形はだいたい覚えているのに、赤いライトが右にあるか左にあるか、意外と記憶していないものです。このことについて、『「3秒集中」記憶術』を著した友寄英哲さんは、本の中で以下のように語っています。

「答えは右側です。これを記憶するときに、私はこう理由づけします。“赤いときには停まらなければならない。赤、青、黄色のうち、いちばん故障したら困るのは赤だ。いちばん大切なものは、なるべく車道側にしてある。歩道側にあると、街路樹などでじゃまになって困るから”。これが本当の理由かどうか、確かなことはわかりません。しかし（中略）こうして覚えると、一生忘れないのです」

つまり、**信号を右脳で画像として記憶するだけでなく、理屈を左脳によって補強して、ダメを押す**のです。たんなる画像だけでなく、左脳での意味づけ、理由づけを怠ってはならないのです。

これは英会話でも同じこと。学生時代、私は英語が苦手でした。もともと数学や物理が大好きだったこともあり、英語の勉強は苦痛以外のなにものでもありませんでした。しかし、ある日私は、そのコンプレックスを力に変えようと決心したのです。

とにかく、英和辞典を引くことを趣味にしてしまおうと決意しました。通学電車の中、トイレの中、昼休み……。ズボンのポケットに英和辞典を忍ばせて、暇があれば、私はそれに親しみました。そのおかげで、いくら文法のセンスがなくても、あるいはヒアリングが苦手でも、英単語の語彙(ごい)だけは、同級生の誰にも負けない自信をもてるようになったのです。

私はもともと右脳人間ですから、英単語を目からパターンとしてどんどん覚えていきました。そして左脳による意味づけで、完璧なものとしたのです。たとえば、まぎらわしいスペリングは次のように覚えます。

「取り囲む」という英単語の綴(つづ)りが「surround」なのか、「suround」なのかを考えたとき、視覚で覚えていると、「suround」はなんとなくおかしいことに気づきます。しかも、「sur」は「super」の短縮形の接頭語で「上の」という意味をもち、「round」は円形状、あるいは球形状という意味があります。つまり「取り囲む」という意味であると左脳で理解しておけば、「sur」+「round」で単語が構成されていることを、決して忘れることはありません。

左脳だけで記憶すれば意味をしっかり理解できますが、そのスピードや容量は、それほど大きくありません。一方、右脳はその意味を把握できませんが、その記憶容量たるや膨大なものです。

右脳で単語の形を図形として認識し、左脳で意味づけしてダメを押す。このように**右脳と左脳を連動させれば、確実に記憶できる**のです。

英単語「surround」の覚え方

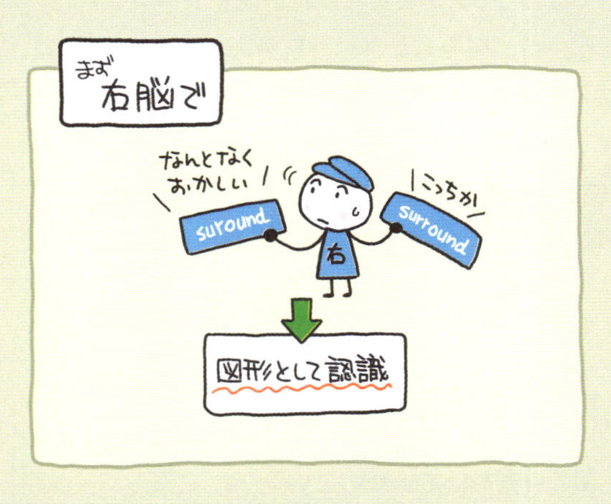

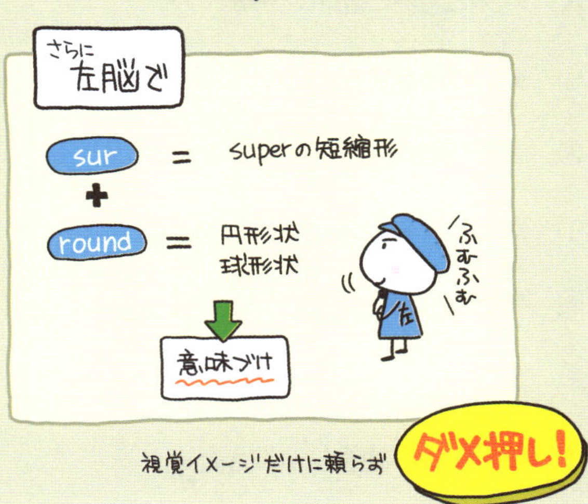

視覚イメージだけに頼らず ダメ押し！

自分の記憶レベルを判定しよう

それではここで、あなたの現状の記憶レベルをチェックしてみましょう。私が開発した自己診断チェックリストにより、あなたの現状の記憶レベルがわかるのです。

◉ 記憶レベル自己診断チェックリスト

（下の質問に○、△、×で答えてください）

① 学生時代には、記憶力に自信があった	
② 食べ物に好き嫌いが多い	
③ 朝の目覚めはすっきりしている	
④ メモを積極的に活用している	
⑤ 没頭できる趣味がある	
⑥ 適度な運動を毎日励行している	
⑦ 夢をよく見る	
⑧ 暗記物が得意なほうだ	
⑨ 近ごろストレスがたまりやすい	
⑩ 好奇心旺盛である	

まず、下のリストに答えを書き込み、それから次のページに記した方法で採点し、集計していきましょう。

⑪	最近ど忘れが目立つ	
⑫	リラックスすることに努めている	
⑬	ぐっすり眠ることができる	
⑭	やる気が起こらないことが多くなった	
⑮	休日はごろ寝をしながらテレビを観ることが多い	
⑯	タバコを1日1箱以上吸う	
⑰	毎日アルコールをたしなむ	
⑱	人との付き合いがおっくうである	
⑲	どちらかというと無口である	
⑳	最近根気がなくなってきた	

採点方法

①③④⑤⑥⑦⑧⑩⑫⑬の質問→○:2点、△:1点、×:0点
②⑨⑪⑭⑮⑯⑰⑱⑲⑳の質問→×:2点、△:1点、○:0点

結果一覧

35点以上	あなたの記憶力は飛び抜けています。最高レベルの記憶力のもち主です
32～34点	記憶力はすぐれています。もちろん、ど忘れとも無縁です
29～31点	記憶力はしっかりしており、ど忘れすることもありません
26～28点	記憶力は平均レベル以上です。いまのままの生活習慣を持続しましょう
23～25点	記憶力は平均レベルです。生活習慣をもう一度チェックしてみましょう
20～22点	記憶力は平均レベル以下です。もっと積極的に記憶することに積極的になりましょう
17～19点	ど忘れや記憶力減退が気になるはず。このままでは小ボケが始まります
14～16点	あなたは小ボケ予備軍に足を突っ込みかけています。生活習慣をあらためましょう
13点以下	いつ小ボケが始まってもおかしくありません。すぐに生活習慣をあらためましょう

結果はいかがでしたか？　もしも記憶レベルが平均以下でも、ガッカリする必要はありません。この本に収録されている記憶テクニックをマスターして、毎日少しのトレーニングを習慣化するだけでも、記憶レベルはたちまちアップするのです。

第2章

記憶しやすいもの、しやすい方法

記憶にはいくつかのタイプがあるのをご存じでしょうか。ここでは記憶タイプの解説と、自分がどのタイプなのかがわかるテストを通して、記憶の達人になる法則、絶大な効果を発揮する記憶テクニック、記憶力を増進する6つのルールなどを紹介していきます。

あなたの記憶タイプはどれ？

私たちは自分が有する感覚器官を通じて情報を取り入れ、記憶する術（すべ）を身につけています。そこで、私は記憶のタイプを5つに分類しています。それは**視覚型**、**聴覚型**、**触覚型**、**嗅覚型**、**味覚型**の5種類です。

前にも述べたように、人間の収集する情報は、視覚によるものが中心です。たぶん私たちは、情報の70〜80パーセントを、視覚を通してキャッチしています。

だから、ほとんどの人は視覚、そして視覚以外で得意とする感覚を使って、うまく情報を取り込んでいるのです。

たとえば、運動神経が発達している人は、おそらく触覚型である確率が高いのです。あるいは、ほとんどの音楽家は聴覚型であり、コックさんなら味覚型が主流を占めるはずです。

もちろんF1レースのドライバーは、視覚を発達させて前方の空

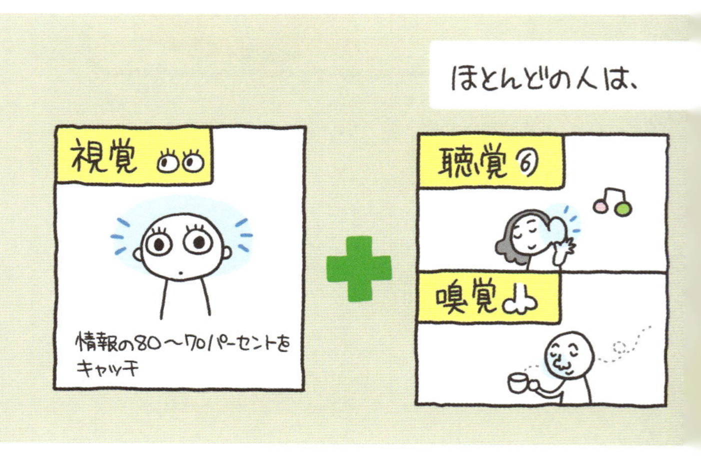

間をしっかり認知しなければなりません。だから、基本的には視覚型でなければならないのです。

同時に、たくみなハンドルさばきや、ステアリングの操作ができなければならないので、触覚型であることも要求されます。

このように考えていくと、自分がどのタイプであるかを知ることは、たんに記憶するテクニックを向上させる指針になるだけでなく、自分の仕事を充実させるためにも、とても大切なのです。

そこで私は、それをチェックするテスト方法を開発しました。つまり、**5つの感覚器官を駆使した記憶力の強さによって、自分の特性が判断できる**のです。

ここで、そのやり方を簡単に紹介しましょう。すべてのテストで固有の感覚器官を働かせて、サンプルをしっかりと記憶しましょう。そして漢字パズルを解いたあと、その記憶をどれくらい正確に答えられるかをテストするのです。

この5種類のテスト結果を比較することにより、あなたの得意な記憶タイプが判断できるのです。

視覚＋αで記憶する

視覚型テスト

まず、下のイラストをそれぞれ3秒間ずつ、計15秒間かけて記憶しましょう。あとで思いだせるように覚えるのがポイントです。

それが終わったら、次のページにある漢字パズルにチャレンジしてみましょう（その後、さらに次のページに続きます）。

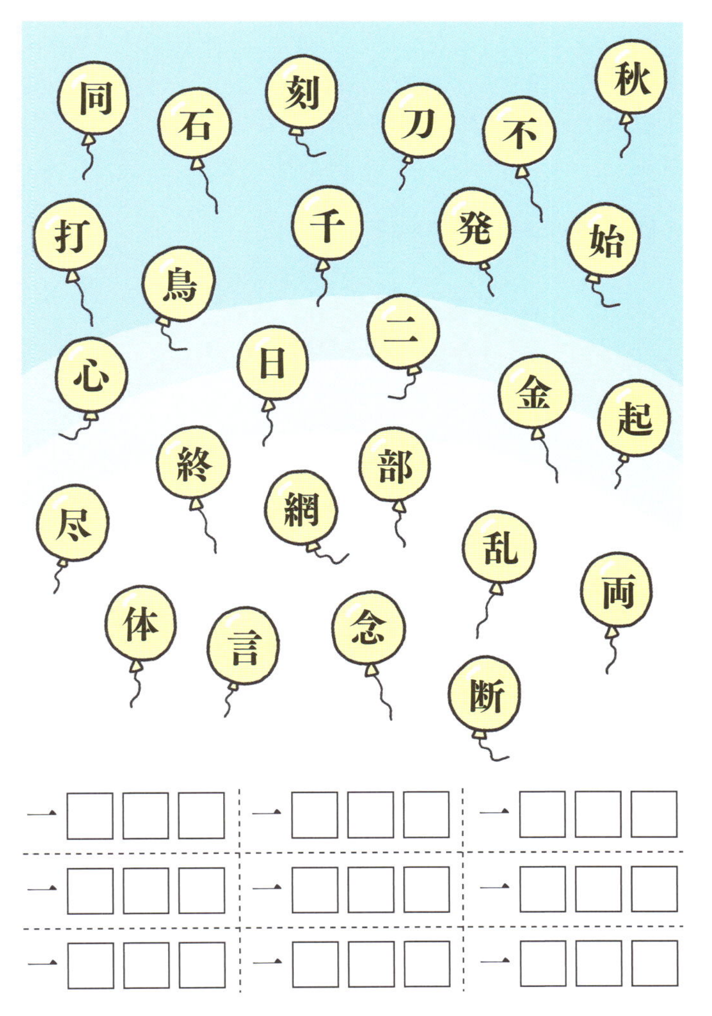

風船の中から「一□□□」の四角に入る漢字を探し、四文字熟語をつくりましょう。同じ風船を2回使ってもかまいません。ただし、使わない風船もまぎれているので、注意しましょう。

➡ 解答はp.78

漢字パズルを終了したところで、先ほど記憶した5つのイラストをいくつ記憶しているかを、メモ用紙に記入していきます。覚えていた数が、あなたの視覚型の得点となります。

◉ 描かれていた5つのイラストは?

-
-
-
-
-

聴覚型テスト

家族や友達に、新聞や雑誌の中から5つの単語を読みあげてもらいましょう。読みあげるスピードは、3秒間に1つの割合で、計15秒間となるようペースを統一してください。その後、視覚型と同じように、次のページの漢字パズルにチャレンジしてみましょう。

五□□□	五□□□	七□□□
八□□□	九□□□	十□□□

ヨットの中から「□□□」に入る漢字を探し、四文字熟語をつくりましょう。同じヨットを2回使ってもかまいません。ただし、使わないヨットもまぎれているので、注意しましょう。

➡ 解答はp.78

そして、漢字パズルが終了したところで、読みあげられた単語を順不同でよいので、メモ用紙に書きあげてください。正しく答えられた正解の数が、聴覚型の得点となります。

読みあげてもらった言葉は?

-
-
-
-
-

触覚型テスト

まず目隠しをします。そして、家族や友達に、台所用品や日用品の中から選んだ5つのものをテーブルに用意してもらいましょう。できれば、あまり大きくないもののほうがよいでしょう。

もちろん先の尖(とが)ったものや、危険なものは避けましょう。その品物に触れながら、それぞれ6秒間ずつ、計30秒間かけて、それらがなにかをしっかり把握します。

品物を全部片づけてもらってから、目隠しをとり、やはり次のページの漢字パズルを解きましょう。

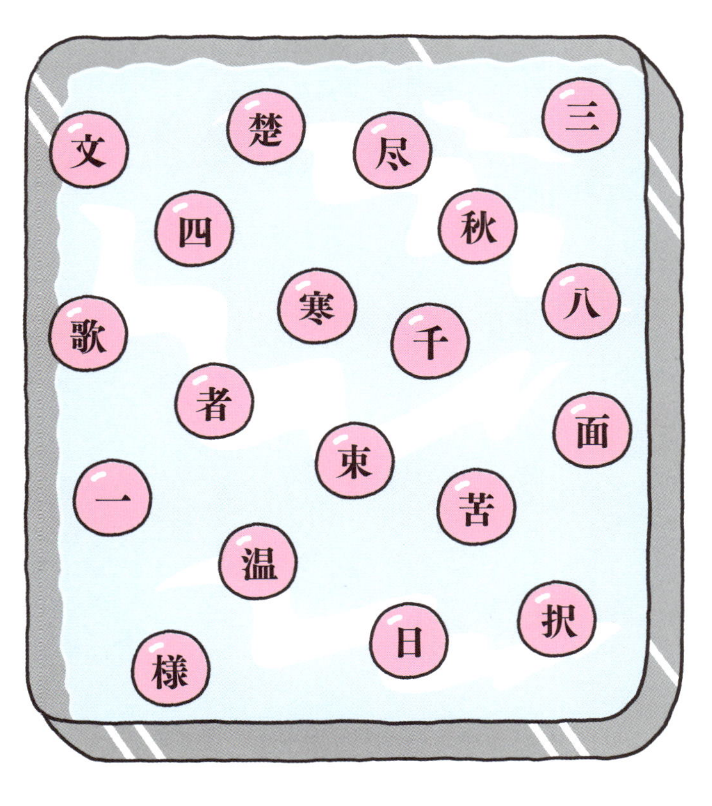

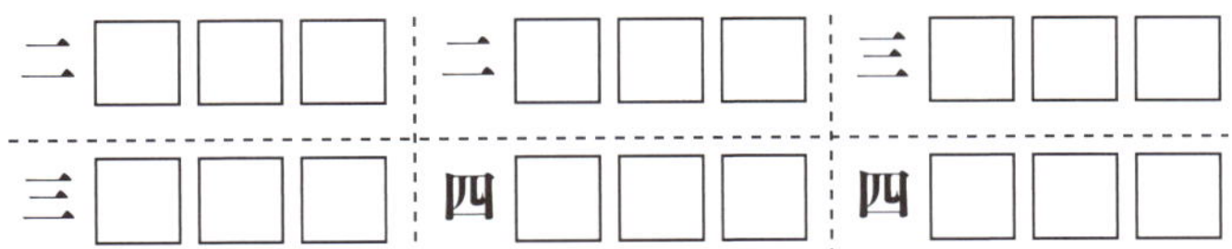

ボールの中から「□□□」に入る漢字を探し、四文字熟語をつくりましょう。同じボールを2回使ってもかまいません。ただし、使わないボールもまぎれているので、注意しましょう。

➡ 解答はp.78

漢字パズルが終わったら、覚えている感触を頼りに、テーブルにあったものがなんだったか、メモ用紙に記入していきましょう。正解した答えの数が、触覚型の得点となります。

◎ **目隠しをして触ったものは?**

-

-

-

-

-

嗅覚型テスト

このテストも触覚型と同じように、テストをする人は目隠しをします。そして、においのある果物や食品類、あるいはコーヒー、紅茶といった香りを放つ飲み物などを5つ用意してもらいます。やはりそれぞれ6秒間ずつ計30秒かけ、においによってその品物を記憶します。

触覚型と同じように、品物を片づけてもらったあと、目隠しをとり、下の漢字パズルに挑戦しましょう。

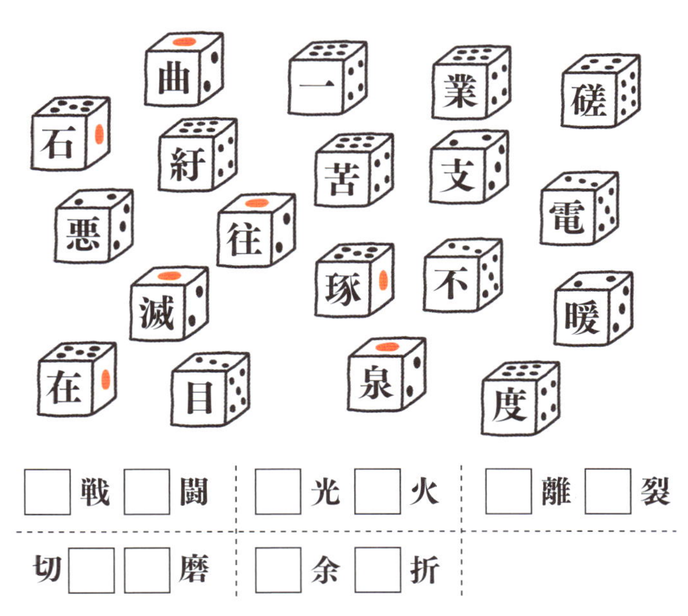

サイコロの中から「□」に入る漢字を探し、四文字熟語をつくりましょう。使わないサイコロもまぎれているので、注意しましょう。

➡ 解答はp.78

漢字パズルのあと、においを手がかりに順不同でいいので、思いついたものからどんどんメモ用紙に記入していきましょう。

◉ においを覚えているものは?

-
-
-
-
-

味覚型テスト

これも目隠しをしてテストをします。夕食時にテストしてみましょう。テーブルの上に、5種類の食物を並べます。今度は時間制限しなくてもよいですから、指定された食べ物を口に入れてその味覚を確かめながら、5種類の味覚を記憶します。

同じように、テストした食べ物を片づけたあと、目隠しをとって同じように下の漢字パズルを実行します。

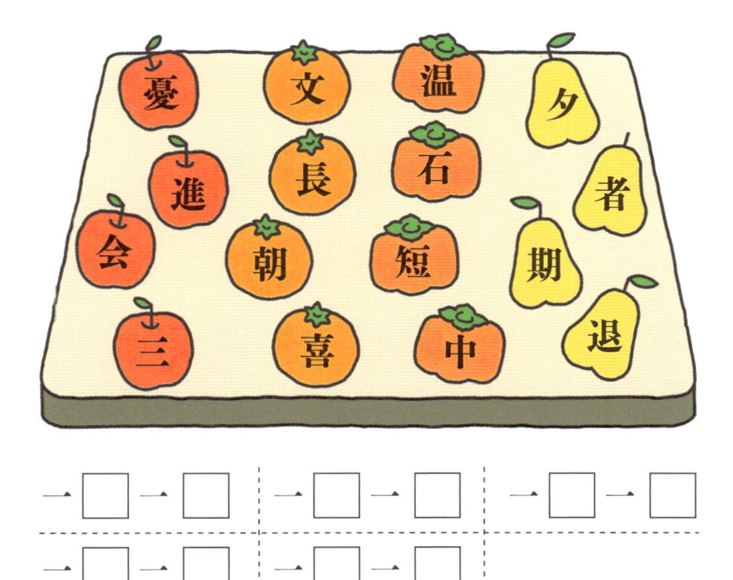

果物の中から「一□一□」に入る漢字を探し、四文字熟語をつくりましょう。使わない果物もまぎれているので、注意しましょう。

➡ 解答はp.78

漢字パズルのあと、味わった食品を思いつくままメモ用紙に書きあげていきましょう。当てた食べ物の数が、味覚型テストの得点となります。

◉ 目隠しをして食べたものは？

-

-

-

-

-

では、いままでの結果を下のグラフに記入してみましょう。各タイプのテストで、正解1問につき1点で5点満点です。さて、あなたはどのタイプの記憶にすぐれていたでしょうか？

すぐれた感覚や記憶のタイプを知ることも大切ですが、劣っている感覚や記憶を高めることも忘れてはならないのです。自分の感覚器官の得手不得手を知ることこそ、記憶力を高める大きな第一歩となるのです。

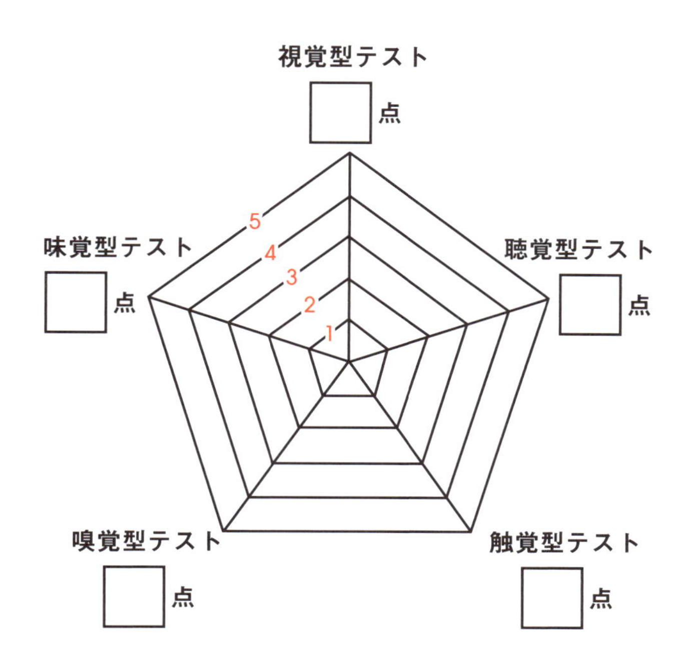

記憶の達人になる法則

記憶力を高めるためには、いくつかの法則に従う必要があります。50年以上も前に刊行された『記憶術』(光文社)を著した南博氏は、過去に多くの学者によって試された実験結果をもとにポイントをまとめています。その概要は以下のとおりです。

1. 記憶術はダンスやゴルフの上達法と同じ

記憶術を効果的にマスターするためには、記憶のメカニズムをしっかり理解して、それに従って正しい方法を用いることが大切である。

2. 記憶術には特異性がある

たとえば、英語に関していえば、現在完了形や関係代名詞などの難しい文法はよく記憶できるが、英単語を記憶するのは苦手だという人もいれば、英文中の単語の意味は簡単に理解できるが、同じ単語を耳で聞くとわからないという人もいる。電話番号を記憶するのは得意でも、人の顔を覚えるのは苦手な人もいる。あるいは、歴史の年代はすぐ記憶できるのに、親友の誕生日や記念日はなかなか覚えられないという人もいる。

3. 知能の高い人は、ふつうの人よりも事実や観念をよく記憶できる

4. 人付き合いのよい人は、名前や顔をよく記憶する

5. 記憶を増強すれば、知能指数を上げることができる

6. よく記憶する最良の方法は、心理学にもとづく学習と記憶の法則を適用することである

これらの項目から、「記憶の達人」になる法則がなんとなく見えてくるような気がするのです。コロンビア大学の教授だったロバート・ウッドワース（1869～1962年）は、興味深い実験をしました。

ある事実について同じくらいの記憶力をもつ人たちを2つのグループに分け、第1のグループには記憶術をまったく教えず、ただ暗記するように命じ、第2のグループには記憶術の指導を受けさせたあと、記憶をさせたのです。結果は、正しい記憶術を指導されたグループのほうが、明らかに優秀な成績を示したというのです。

この事実からわかるように、日ごろから記憶に関する正しい知識を習得して、それにもとづいたやり方で、楽しみながらできれば、ど忘れや記憶力減退は簡単にカバーできるのです。

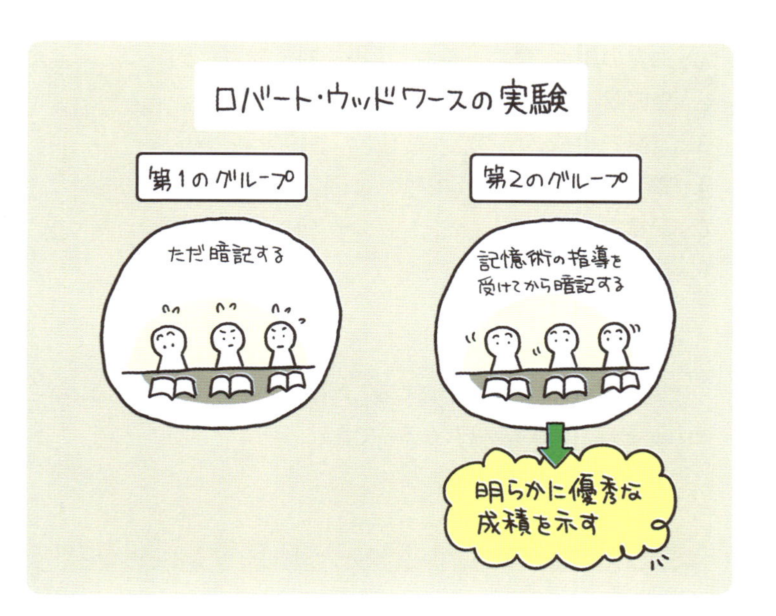

記憶力は、学習するためだけに使われるのではありません。昔、私の友人が新婚時代に多摩ニュータウンに住んでいて、夜中に酔っぱらって自分の家がわからなくなってしまったと、こぼしていたことがなつかしく思いだされます。

これなら笑ってすませられるのですが、記憶力の欠如は生命の危険につながることもあるのです。よくワラビとりかなんかで、山の中に迷いこんで下山せず、町中が大騒ぎになることがあります。

ふだん、あたり前のこととしてあまり意識していないような記憶も、それが欠如すると大変なことになるのです。

多くの人が、記憶とは言葉や絵を覚えることだと解釈していますが、それは記憶のほんの一部にすぎないのです。

シカゴ大学のサーストン博士が提唱した**知能の7要素**というものがあります。それを以下に記します。

1. 知覚の鋭さ（暑さ・寒さ、大小を知る能力など）
2. 空間認識（遠近、高低、広さの認識）
3. 言語
4. 数字
5. 記憶力
6. 論理的能力
7. おしゃべりの流暢（りゅうちょう）さ

ぜひ、この7つの知能を高めることに、意欲的になりましょう。それが記憶力増強のカギになるのです。

アンカリング・メカニズム

記憶は身勝手です。つまり、明らかに記憶しやすい事柄と記憶しにくい事柄が存在するのです。たとえばいちばんわかりやすいのが、興味のあることは記憶しやすいが、興味のないことは記憶しにくいという事実です。専門的には、これをアンカリングと呼んでいます。

アンカリングとは、船が錨(いかり)を降ろすことを指します。つまり、興味のある記憶は、脳に錨を降ろした船にたとえられるのです。たとえ暴風雨に遭っても、その記憶という船は動かないで、その場所に繋留(けいりゅう)され続けるのです。

一方、興味のない事柄は、錨を降ろしていない船にたとえられるでしょう。ちょっとした風でも記憶という船は流されてしまい、記憶として定着しないのです。

逆にいえば、興味をもってその事柄の周辺も含めて貪欲に記憶すれば、明らかにそのテーマに沿った事柄は、どんどん記憶していけるのです。

あるいは、時間的推移によっても、記憶しやすい事柄とそうでない事柄が存在します。いわゆる**順向抑制**（じゅんこうよくせい）と**逆向抑制**（ぎゃっこうよくせい）という現象です。まず順向抑制です。これは先に覚えた記憶が、あとから覚えた記憶を打ち消してしまうことを指します。逆向抑制はその反対で、あとから覚えた記憶が先に覚えた記憶を打ち消してしまうことをいうのです。

つまりこの**2つの抑制により、中間に覚えた事柄の記憶が打ち消されて忘れやすくなる**のです。たとえば、あなたが10個の英単語を記憶したとき、最初と最後の英単語はよく記憶しているのに、その中間の英単語はなかなか覚えられないはずです。

結論として、この事実を活用すれば、勉強においては最初と最後に重要な事柄を記憶すればよいのです。もう少し具体的にいうと、記憶を定着させるためには、リハーサルするとき、記憶する順序を少しずつずらしていけばよいのです。

たとえば10個の英単語を記憶するとき、英単語1から順番に英単語10まで記憶したとします。しばらく間を置いて記憶を確認するためにリハーサルするときは、たとえば英単語3からスタートして英単語4、英単語5……と記憶していき、最後に英単語2でしめくくればよいのです。

そうすれば1回目は、英単語1と英単語10が強烈な記憶となったはずですから、今回は英単語3と英単語2が強烈に記憶されるわけです。

リハーサルするときは、記憶する順序を変化させるというテクニックを活用することが大切なのです。

順向抑制と逆向抑制

順向抑制
先に覚えた記憶
消しまーす
あとの記憶

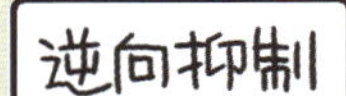
逆向抑制

消しまーす
先の記憶
あとから覚えた記憶

この2つの抑制により
中間に覚えた記憶が
打ち消されやすくなる
真ん中あたりが覚えづらいな
あれー？

「3つの小さな工夫」で効果絶大

記憶の達人と呼ばれる人は、とにかく日常生活でさまざまな工夫をこらしています。私が収集した記憶テクニックで、実際に私が励行しているものを下記に列記してみます。

1. その日の朝、忘れてはならないことをメモする

メモすることをバカにしてはいけません。成功者の共通点を探したデータがありますが、**成功者はメモ魔だった**ことが判明しているのです。

とにかくメモ用紙はもちろん、手のひらにメモする習慣をつけている人も結構多いのです。しかも、ただメモするだけでなく、記入するときにかならず2〜3回読み返してリハーサルすることにより、忘れにくくさせているのです。

2. その日に身につけるべきものを玄関の箱に入れておく

私はカギ、小銭入れ、腕時計、携帯電話など、かならずもち歩くものは、帰宅したときに玄関に置いてある専用の箱に入れることにしています。そして外出時に、それを身につけてでかけるのです。**同じ場所に同じものを置くことにより、ど忘れは激減する**のです。

3. とにかく20秒ルールを駆使して確認を怠らない

外出したとき、家のカギをかけてきたかなとか、電気やガスコンロを消してきたかな、といったことが気になることがありませんか。私はそれで家に戻ることが何度もありました。

しかし、後述する20秒ルール（p.84参照）を駆使することにより、絶対に忘れないことに気づいたのです。どうしても記憶に残したい事柄には、ぜひ、20秒ルールを適用してください。そうすれば、外出してから不安を覚えて再度帰宅する、というようなことはなくなります。

以上、ここで述べた3つの工夫をするだけで、驚くほど、ど忘れを防止することができます。

続けてよかった記憶術

① その日の朝
忘れてはならない
ことをメモ！

② その日　身につけるべき
ものは玄関の箱に！

③ 20秒ルールを
駆使！

「6つのルール」で整理する

この本でも再三申しあげていますように、記憶力はテクニックです。日常生活のちょっとした工夫により、別にそれほど努力しなくても、記憶の達人になれるのです。

だいたい学生時代に成績がよかった人は、頭のよい人というよりも、むしろ要領のよい人なのです。もちろん例外的に、勉強しなくても東大理科三類に現役で入れるような、「先天的に頭のよい人」が混じっているのも事実です。

しかし、ほとんどの優等生はそうではなく、効率的に記憶するテクニックをもっている人が成績上位を占めているのです。彼らの共通点は、ノートの整理がうまいことです。

先生の授業をうのみにしてノートに記入するのではなく、自分の頭の中で整然と記憶できるように書く、自分流整理術のうまい人が優等生の共通点だといえるのです。

記憶術の本をたくさん執筆している椋木修三さんによると、整理の仕方には、以下のようなルールがあるといいます。

- **番号を振る**
- **図や表にしてまとめる**
- **色で分ける**
- **身近なものに置き換える**
- **要点をまとめる**
- **簡略化する**

丸暗記は、まったく効率が悪いと考えたほうがよいのです。**勉強するわりに成績が芳しくなかった人たちは、概して丸暗記を優先して勉強する傾向がある**のです。

常に直感力を働かせて、出題者となる先生の意図を読み取ろうという意識で授業を受けること。居眠りなどしている暇はないのです。つまりヤマをかけてそこだけ集中して勉強することも、優等生の特長なのです。

これはもちろん、ビジネスにも適用できます。とにかく専用ノートをつくって重要事項を自分の手で書きだし、左ページの6項目を意識しながら整理する作業が、あなたを記憶の達人に仕立ててくれるのです。

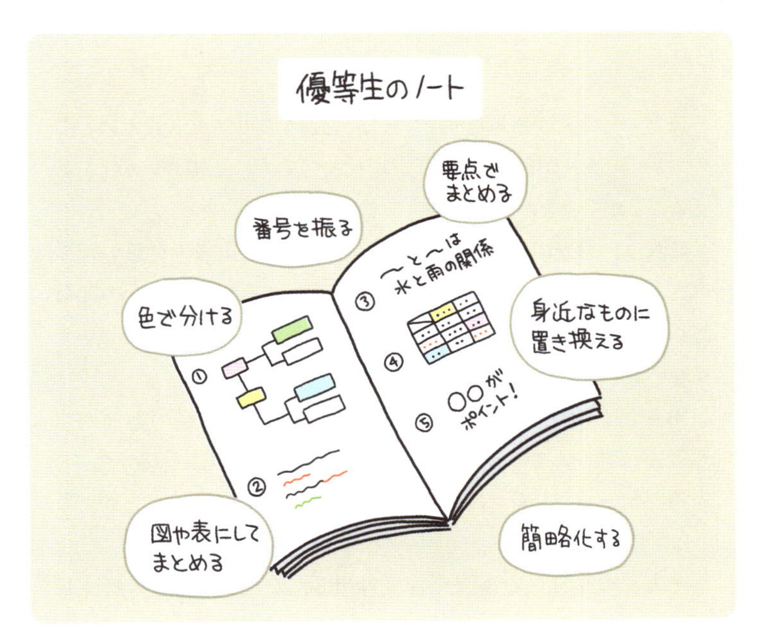

覚えるかどうかは「意識」次第

人間の脳は、印象深いものは記憶に残り、それほど関心がない記憶は簡単に忘れるようにできています。

それを検証するために、ここで問題を1つだしてみましょう。次の文章を1回だけ読んで、あとの問いに答えてください。

エレベーターには、最初5人の客が乗っていました。最初の階で、2人降りて3人乗ってきました。次の階では、1人降り、4人乗ってきました。さらに次の階で、2人降り、3人乗りました。同様にして、5人降りて、4人乗ります。3人降りて、5人乗ります。2人下りて、3人降ります。最後は乗った人がなく、2人降ります。

さて、このエレベーターは何回止まったでしょうか？

ほとんどの人が乗降客の数だけに意識を集中していたため、このエレベーターが何回止まったのかということに意織がいかず、答えることができなかったと思います。

これは、過去のあなたの身のうえに起こった出来事を思い浮かべてもよくわかります。高校生時代に片思いしていた彼女の顔は思い浮かべることができますが、印象の薄い同級生の顔は思いだせないはずです。

あるいは、将棋が好きな人なら、最近指した将棋の盤面が自然と頭に浮かんでくるでしょうし、ゴルフに熱中している人なら、先週プレーしたゴルフのラウンド状況を思い浮かべることができるはずです。

一方、一昨日どの洋服を着て外出したかとか、先週の日曜日の夕食になにを食べたとかは、あまり記憶に残っていないはずです。つまり**人間の脳は、「もはや記憶する必要のないこと」を忘れるようにできている**のです。10万円貸したことは忘れることはないのに、100円貸したことは忘れてしまうのも、そういうことです。

米国ミネソタ大学の実験例にも、おもしろい実験が紹介されています。ある女性は、過去に会った人に再会したとき、誰が誰だかわからず恥をかいてしまうということで、カウンセラーに相談にきました。

さまざまな角度から調べた結果、彼女が顔を記憶していない理由が判明しました。彼女には服装に異常なほど興味を示す性質があったため、服にばかり気をとられて、相手の顔を認識することを忘れてしまっていたのです。

意識的に忘れることが可能であることも、実証されています。米国パデュー大学のハーマン・レマーズ教授は、学生を3つのグループに分けて、このことを証明してみせました。

第1グループには与えられた事実を3日間だけ、第2グループには1週間記憶しているように、そして第3グループには2週間の記憶を義務づけました。

その結果、彼ら全員が自分に与えられた期間だけ記憶して、期間が終了すると、みごとに忘れていたことが判明したのです。

試験勉強をしても、本番が終わるとすぐ忘れる術を人間はもっています。記憶は意思によって、簡単にコントロールできるという事実は知っておいてよいでしょう。

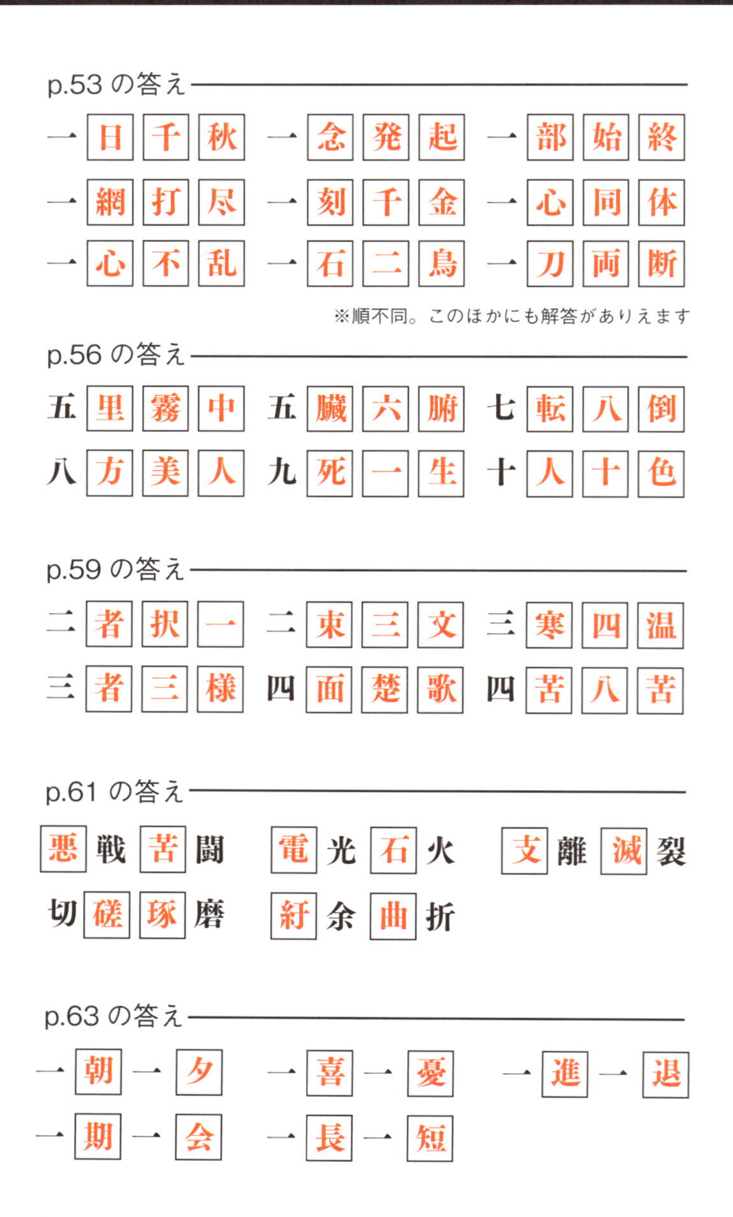

p.53の答え

一日千秋　一念発起　一部始終

一網打尽　一刻千金　一心同体

一心不乱　一石二鳥　一刀両断

※順不同。このほかにも解答がありえます

p.56の答え

五里霧中　五臓六腑　七転八倒

八方美人　九死一生　十人十色

p.59の答え

二者択一　二束三文　三寒四温

三者三様　四面楚歌　四苦八苦

p.61の答え

悪戦苦闘　電光石火　支離滅裂

切磋琢磨　紆余曲折

p.63の答え

一朝一夕　一喜一憂　一進一退

一期一会　一長一短

第3章

忘却に負けない ロジックとテクニック

記憶は放っておくと、どんどん失われていきます。では、記憶を長期記憶として半永久的に保存するにはどうすればいいのでしょうか。ここでは、長期記憶させるテクニックとして、リハーサル効果や動機づけの意義、そして記憶を引きだす連想について解説します。

エビングハウスの忘却曲線

記憶に関する有名な実験の1つに、エビングハウスの忘却曲線というものがあります。ドイツの心理学者エビングハウスは、無作為に並べた文字列（無意味音節）を記憶させてそれにかかった学習時間を測定し、一定時間のあと、同じ文字列を正確に覚えなおすのにかかった学習時間と比較したのです。

その結果、20分後の再学習では、最初の学習より時間が58.2パーセント節約されるとわかり、忘却量の割合は41.8パーセントと算出されました。その後の結果を、下表と次ページのグラフに示します。

これらからわかるように、記憶は放っておくと、電池の放電のように、どんどんその保持量が低下していきます。だから、途中で何回も思いだすことによって、充電してやればよいのです。

私が提唱するやり方を簡単に紹介しましょう。まず1時間後に、

◉ エビングハウスの実験結果

	再学習で節約された割合（節約率）	忘却量の割合（最初の学習に対して）
20分後	58.2パーセント	41.8パーセント
1時間後	44.2パーセント	55.8パーセント
9時間後	35.8パーセント	64.2パーセント
1日	33.7パーセント	66.3パーセント
2日	27.8パーセント	72.2パーセント
6日	25.4パーセント	74.6パーセント
31日	21.1パーセント	78.9パーセント

記憶できているかをしっかりチェックします。そして6～12時間以内に、もう一度おさらいし、最後に24時間後にダメを押します。この3回のおさらいで、その記憶は完璧なものとなるのです。

繰り返し効果こそ、記憶の絶大な武器。どんな脈絡のない無意味な言葉でも、100回繰り返せば、忘れたくても忘れられないほど、自然に口をついてでてきます。

私は大学時代、落語研究会に所属していました。人間国宝の桂米朝師匠の落語に心酔して、大学の4年間に50以上のネタを覚えました。私のもちネタ全部の時間を足してみると、19時間30分にもおよびます。私はそれらの落語のセリフを、ほとんど1字1句違わず覚えているわけですから、それだけの量のネタを記憶するのは、一見大変な作業に思えます。

しかし、コツさえつかめば、比較的簡単に落語のネタも記憶できるのです。いまは「もちネタ」を増やすこともないのですが、すでに大学4年生のころには、この方法で米朝師匠の落語を、いともたやすく覚える術を身につけていたのです。

エビングハウスの忘却曲線

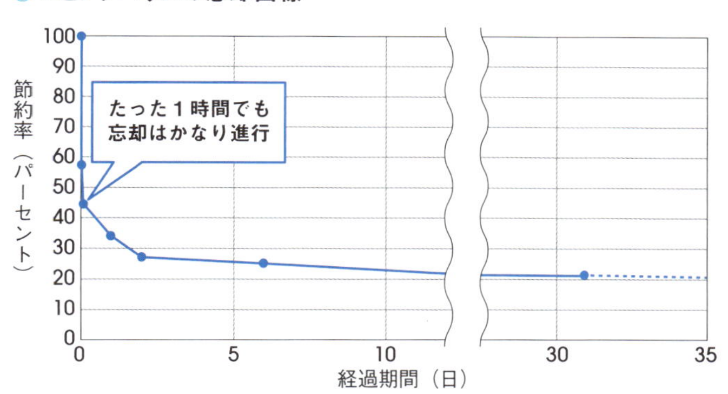

たとえば20分の落語は、文字にして約8,000字になります。当時、それをたった3回聴いただけで、ほぼ完璧に覚えられたのです。

私はまず1回目に、落語のストーリーを頭の中に画像として描きます。セリフを覚える前に登場人物の行動をイメージしながら、米朝師匠の落語のテープをただひたすら聴くのです。

2回目に聴くときには、キーワードになるセリフの周辺部をしっかりと押さえていきます。キーワードとは、それを落とすと落語の脈絡が成り立たない大切なセリフのことです。

つまり、まず落語の幹になる部分を覚えて、そこから枝葉のセリフをくっつけていくというやり方です。そして3回目に、細かいセリフを記憶していくのです。すると、スーッとセリフが頭の中に自然に入ってきます。もちろん、なんらかのはずみで集中が途切れると、その部分のセリフは覚えられません。だから3回目に聴くときには、かなり高度な集中力が要求されます。

あとは、ネタを繰り返ししゃべればよいのです。繰り返せば繰り返すほど、落語のセリフは完璧なものになっていきます。

下のグラフは、リハーサルの有無による記憶保持率の変化です。**少なくとも1時間後、6〜12時間後、そして24時間後の3回リハーサルするだけで、その記憶は間違いなく短期記憶から長期記憶に移行する**のです。

高校時代に私は記憶に興味をもち、北海道から鹿児島県までの駅を暗記したり、世界1,000か所の主要都市の所在地を、地図の上に書き込む技術を身につけていました。そんな記憶術が、大学受験にも大いに役立ったことはいうまでもありません。

まず大筋をイメージで理解して、細かい記憶は繰り返し効果で強化する。そしてエビングハウスの忘却曲線を意識して、繰り返し記憶のおさらいをする。この原則を守れば、まったく意味のないものでも簡単に記憶でき、しかもそれは長期記憶として脳に半永久的に保存されるのです。

リハーサルの有無による記憶保持率の変化
(筆者が実施した10単語の記憶テストにもとづく)

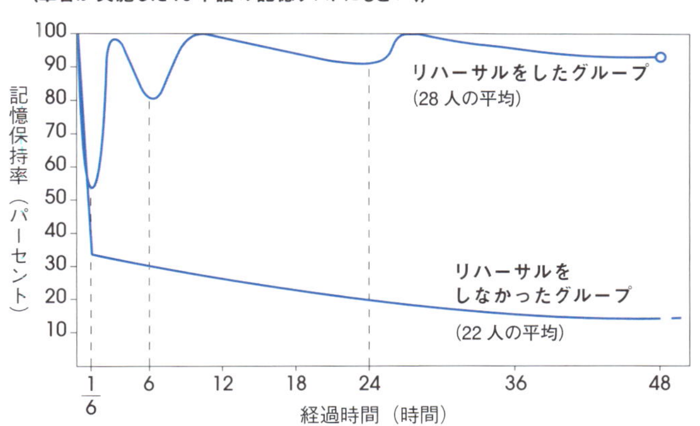

20秒ルールとリハーサル効果

記憶をしっかり保持するために、時間の要素を無視することはできません。短期記憶を20秒間以上思い浮かべ続けることができれば、長期記憶として残存する確率は高くなります。これが20秒ルールです。

もしも、あなたが外出する際、カギをかける作業に少なくとも20秒間かけたなら、カギをかけたかどうかはまったく心配にならないはずです。

これは、米国の大リーグで実際に起こった事故によって証明されています。ある試合で、バッターが頭部にデッドボールを受けて意識不明になりました。病院に担ぎこまれて手当てを受けるうちに、彼は意識を取り戻したのです。

しかし、ボールが頭部を直撃したときからさかのぼって20秒間の記憶は、みごとに吹き飛んでいました。つまり、**20秒間以内の記憶は不安定であることが証明された**のです。だから、20秒間かけてしっかり記憶すれば、それが長期記憶として定着するのです。

もともと、人間の脳は忘れるようにできています。人間が忘れるというメカニズムをもち合わせていなければ、脳はありとあらゆる情報を記憶して、生まれてわずか数か月から1年以内にパンクしてしまうはずです。

忘れるメカニズムに関しては、十分に解明されているとはいえません。有力な説は2つあります。ちょうど粘着力の不十分な糊によってくっつけられていた紙がはがれるように情報が飛んでしまうという説と、いったん保存された記憶が新しい記憶による干渉により消滅するという説です。どちらにしても、忘れることは人間には不可欠、かつ重要な機能なのです。

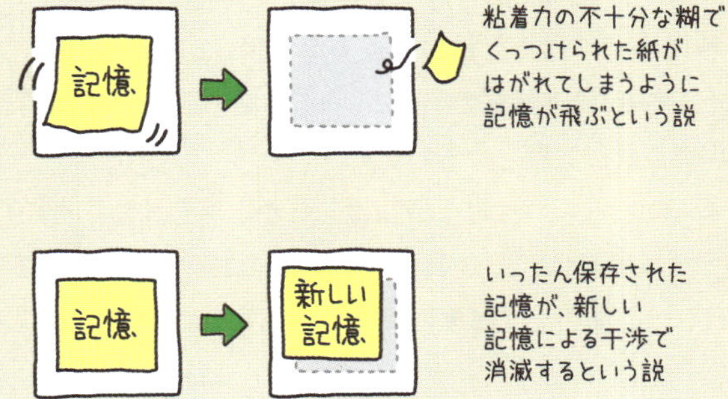

「年をとると、1年が早く感じる」
「いまの1週間はまるで、子供のころの1日のようだ」

こんなことをあなたは感じたことはないでしょうか？　実は、体感時間には、短期記憶の保持効率と密接な関係があるのです。私たちが日常生活の中で感じる時間の長さは、すべて記憶にゆだねられています。**短期記憶の喪失が、時間を短く感じさせている**のです。

短期記憶の欠落が著しい中高年の人々が、1日を短く感じるのはそのためです。

それでは、長期記憶に移行しやすいのはどんな記憶でしょうか？　まず1つ目は、印象深い記憶です。肉親の死や目の前で起きた交通事故、あるいはゴルフでホールインワンをした瞬間、大学に合格した日の出来事など……。印象的な目の前の事実に、脳は強く反応するようにできているのです。

2つ目は、何回も繰り返して記憶した情報です。これを**リハーサル効果**と呼んでいます。心の中で何回も復唱するだけで、その情報は簡単に長期記憶の貯蔵庫に保存されるのです。

20秒間かけて覚えた長期記憶もその後、24時間以内に数回リハーサルすること（前項参照）によって、さらに強固な長期記憶として保存され、完璧となるのです。

いずれにしても、大切な情報はしっかり保存する。その代わり必要でない情報は、しっかりと忘れる。こんなことを日ごろから心がければ、あなたは簡単に記憶の達人になれるのです。

消えやすい短期記憶、残りやすい長期記憶

短期記憶の喪失が時間を短く感じさせる

印象深い記憶や何回も繰り返して記憶した情報は長期記憶に移行しやすい

睡眠をとったほうが忘れない

私は、睡眠前の1時間をうまく使うことが、記憶力を高めるためには不可欠であると主張しています。なぜなら、就寝前に記憶したことが忘れにくいことが、実験によって証明されているからです。

これに関して、心理学者ジェンキンスとダレンバックの有名な実験があります。まず2人の人間に、夜就寝する前に10個の意味のない文字列（たとえば、KJH、DFE、POIなど）を暗唱できるまで記憶させました。そしてこの2人をそのまま寝かせ、その後1・2・4・8時間後に起こし、前述の無意味な文字列をどれだけ覚えているかチェックしました。もちろんこの実験のとき、チェックしたあとにこの2人の被験者は、ふたたび睡眠に入ったのです。

ジェンキンスとダレンバックの実験

無意味な文字列を
暗唱できるまで覚える

1・2・4・8時間後に
覚えているかチェック

条件1・夜 ＞ 条件2・夜

チェックの時間以外は寝る

ずっと起きている

寝たほうがよく覚えている

次に、この2人の被験者を使って同様の実験を昼間に行いました。つまり、記憶後に寝たか起きたままかの違いによる記憶力の差異を確認したのです。

その結果を下の図に示します。このグラフから、記憶した直後に睡眠をとったときのほうが、明らかに忘れる率が低下していることがわかります。

2時間後には、睡眠したときのほうが、そうでないときの2倍も記憶の保持がよく、8時間の睡眠をとると、寝ない場合の5倍以上も記憶していることが判明したのです。

つまり、**覚えたあと、そのまま起きているよりも、睡眠をとったほうが、忘れる率が明らかに低い**ことが見いだされました。その理由は、起きている場合、新たに入ってくる新しい情報によって古い記憶が消し去られるためと考えられます。

記憶と睡眠に関するジェンキンスとダレンバックの実験結果

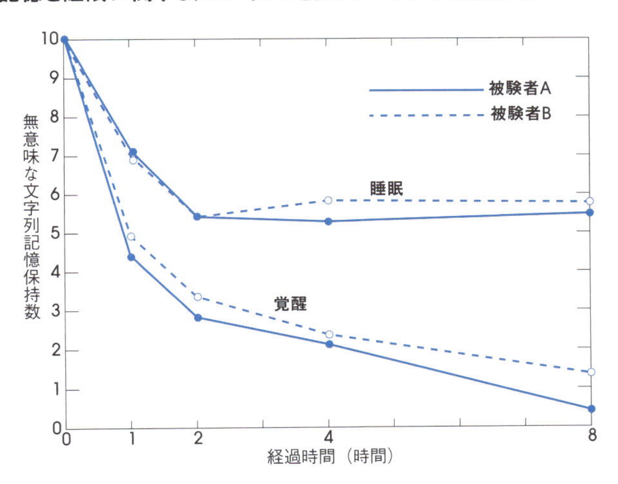

目覚めていれば、どんなに環境のよいところでも、新たな刺激によって記憶は消し去られる運命にあるのです。一方、睡眠の場合、外部からの情報が遮断されるために、記憶が定着します。

実は、私はいまでも、夜ベッドに入る前にかならず、学習したい教材テープを流しながら眠りに入る習慣があります。

まず朝、たとえば、テレビ（スカパー！）で放映されているCNNのニュース番組を視聴しながら、テープに録音します。

そのテープを、その日の夜、就寝前に流しながら眠りに入ります。さらに翌朝、また新しいニュースを視聴しながら録音し、夜におさらいします。こうして、私は日々、まるで子守歌のように英語を聞きながら眠りに入っているのです。

この習慣で、朝起きたときに不思議な現象が起こりました。私は、自分がどこまでテープを聴いて入眠したかを、翌朝、詳細に記憶しているのです。しかも、眠りに入るまでのニュースの内容が、驚くほど鮮明に頭の中に残っているのです。

このように、大切なことを記憶したいなら、睡眠前がもっとも効果的な時間帯なのです。

ベッドに入る前に、瞑想を兼ねたストレッチを行ってから、リラックスして今日の出来事で大切なことをおさらいする。そんな習慣をつけるだけでも、ど忘れを最小限に食いとめることができるのです。

就寝前の習慣例
Today's News〜
英語ニュースを
就寝前に流す
ベッドに入る前に、
瞑想を兼ねた
ストレッチを行う
ストレッチのあと、リラックスして
今日の出来事を思いだす
ヒーリングッミュージックを
流しながら眠りにつく

脳は楽しいことを覚えている

将棋の羽生善治さんにしても、プロ野球のイチロー選手にしても、天才と呼ばれる人に共通しているのは、ゲームに没頭するなみ外れた能力です。没頭することにより、そのゲームのパターンを記憶する力がついてきます。

没頭することに関して、この2人の天才には、数々のエピソードがあります。羽生さんは小学生のころ、朝食をとりながら将棋の棋譜を理解することに没頭していました。没頭するあまり、トーストと間違えて皿をかじったといいます。

そしてイチロー選手は、小学3年生から中学3年生までの7年間、グラウンドで野球の練習をしたあとも、名古屋空港近くのバッティングセンターへ、父親の宣之さんとともに毎日通ったのです。

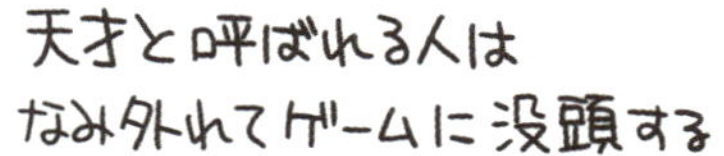

棋譜に没頭し、トーストと間違えて
皿をかじる羽生少年

イチロー少年は7年間
毎日父とバッティングセンターへ。
休んだのは正月の2日間だけ

それだけならふつうの野球少年なのですが、イチロー選手は違っていました。その7年間のうち、バッティングセンターを休んだのは、正月の2日間だけだったというのです。その日はバッティングセンターが休みだったから、行きたくても行けなかったのです。

とにかく興味をもってそのテーマを楽しめば、自然に記憶力はついてきます。事実、それを証明するデータもいくつかあります。

たとえば、米国の心理学者であるヘンダーソンは、次のような調査をしました。10人の学生に、一生に起きた100の出来事を思いだしてもらったのです。

結果は、55パーセントが楽しい出来事、33パーセントが不愉快な出来事、そして12パーセントが平凡な出来事だったのです。

このように、**楽しいことは記憶にとどまる確率が高い**のです。つまり、楽しく学習したり、興味をもってマスターしようとするだけで、脳がフル稼働して、学習効果は間違いなく高まるのです。

自信が脳に活力を与える

スポーツでも、勝ったときのほうが、負けたときよりも、記憶は鮮明によみがえってきます。あるいは、ゴルフのスコアでも、大たたきしたことはあまり記憶していないのですが、バーディをとったホールのことは、あんがいはっきりと覚えているものです。

つまり人間の脳は、不愉快なことは都合よく忘れるようにできているのです。たとえば、「とんねるず」という人気コンビは、木梨憲武さんと石橋貴明さんの2人で構成されていることは、ほとんどの人が知っています。

ところが私の友人は、木梨さんの名前はすぐにだせるのですが、石橋さんの名前はなかなか浮かんでこないのです。実は、彼は学生時代に石橋さんという女性に失恋して、心の傷を負っていたのです。だから「石橋」という名前を思い浮かべることを、脳が拒否したのでしょう。

やはり、**人間は無意識に、嫌なことは忘れて、楽しいことを記憶しておこうとする**のです。これをうまく記憶に利用して、楽しみながら記憶する工夫をしましょう。たとえば、気持ちがウキウキするような、あなたのお気に入りのBGMを流しながら勉強すると、能率は向上するのです。

同様に、励ましたり、ほめたりすることによって成績が高まるというデータもあります。パズルを10問出題し、すべての人に同じ問題を解かせました。そしてそのあと、答案用紙を提出させて採点しました。

ここで採点者は、成績を発表するときに1つの細工をしました。実際の成績にかかわらず、テストを受けた人の半数には、「10問のうち7問正解です。とても優秀でしたよ」といったのです。一方、もう半分の人には、「10問のうち7問が間違っていましたよ。できが悪いですね」といったのです。

そして再度、別の問題を解かせました。もちろん、このときも全員に、同じ内容の問題をだしました。結果はどうだったでしょう。1回目に「よくできた」とほめられたグループは成績を上げ、けなされたグループは全員の成績が下がったのです。

つまり、心理状態によって、学習効果は簡単に変化するということです。これを記憶にあてはめれば、**自信こそ記憶力を高めるエネルギーである**ということがいえます。

自信をもてば、感覚器官は鋭くなります。同時に、βエンドルフィンやドーパミンという「やる気」を高める神経ホルモンの分泌も増加します。そして、おそらく記憶力を高める情報伝達物質である**アセチルコリン**も、自信によって増加することが十分考えられるのです。

自信は、脳の生理的な変化を引き起こすのです。だから「好きこそもののじょうずなれ」は、記憶にも十分通じる格言なのです。

自信が脳に活力を与える

お気に入りのBGMを流しながら勉強
➡ 能率が向上する

自信をもつと
➡ 感覚器官が鋭くなり
やる気もアップ！

動機づけが記憶の秘訣だった

同じことを記憶するときに、覚えなければならない状況で覚えるのと、そうでない状況のもとで覚えるのでは、おのずから記憶に差異が生じてくるものです。

よしにつけあしきにつけ、記憶に対して興味をもつことです。あなたの学生時代を思い返してください。たぶん、好きな科目は成績がよかったはずです。興味をもって勉強できるから、自然に成績は上がっていくのです。反対に、嫌々やった科目は、当然のことながら成績はよくなかったはずです。

羽生善治さんの脳内には、おびただしい数の譜面が記憶されています。勝つことへの執着心と興味が、そうさせているのです。**興味こそ、記憶を向上させてど忘れを防止する原動力**です。

私もときどきG1レースにかぎって馬券を購入することがあるのですが、競馬場や場外馬券売り場へ行くと、競馬ファンの馬に関する知識の豊富さには、ほとほと感心させられます。

「キタサンブラックの前走の敗北は、馬混みにもまれるという不利があったため。今度はかならずくるよ」とか、「ディープインパクトの産駒は中距離血統の馬が多いから、有馬記念は買いのサインだよ」といったぐあいです。まさに動機が強いと、記憶力もよくなる典型例といえます。

競馬が好きな人間は、馬の情報がいっぱい頭の中に入っていても、自動車に興味がなければ、車に関する知識はほとんどもち合わせていないはずです。

つまり、動機があるかないかで、記憶力はまったく違ったものになるのです。具体的な動機があると、記憶力は増強します。

学校の授業で、ただ「覚えておけ」といわれるだけではなかなか記憶できないのに、「これは試験にでるぞ！」といわれたとたんに頭に入ってくるのは、そのせいです。
「ウソをついたとたんに記憶力が必要になってくる」という事実も、動機づけの強さが記憶に大きく関与していることをわからせてくれます。

ウソをついたら、そのウソを正当化するために考えをめぐらせなければなりません。ウソを整合させる新たなウソをつくために、自分が語った事柄をしっかりと記憶しなければならないからです。

車の販売員は、自分の売る車の知識がないと、商談をまとめることはできません。だから優秀な販売員は、顧客の疑問に明確な答えができるだけの、驚くべき商品知識をもち合わせています。

中には、何千人の顧客の名前はおろか、その人たちの誕生日までしっかり頭の中にたたき込んで、お祝いの電話をかける販売員がいるといいます。車を売るという強い動機が、彼の記憶力を高めているのです。

ところが興味がない対象には、記憶する意欲も薄れます。たとえばこの販売員が将棋に興味をもっていなければ、いくら将棋を教えても、譜面を記憶することなんかできないでしょう。

このように、**動機の強さと記憶に強い関連性がある**ことは間違いありません。記憶力を高めたかったら、そのことに興味や動機をもちましょう。それだけで記憶力は、全然違ったものになるのです。

「連想」は記憶の大きな武器

連想を活用すれば、記憶を引きだす大きな武器となります。なぜなら記憶がよみがえるのは、そのほとんどが芋づる式にわきでてくる連想メカニズムによって起こるからです。だから、連想に対して敏感になっておけば、苦労することなく記憶が再生できるのです。

有名な心理学者であるウィリアム・ジェームスは、連想についてこう語っています。

「連想されるものの1つひとつは釣り針であり、記憶すべき事実がそれにぶらさがっている。釣り針は記憶が水面下に沈んでいるとき、それを釣りあげる1つの手段になっている」

学生時代の旧友と久しぶりに会うと、その会話のほとんどが連想で構成されていることがわかります。

「オレたちの担任だった金子先生は、もう去年定年退官されたんだって……。そういえば社会の上田先生も、今年退官されてA大学に転任されたそうじゃないか。A大学といえば、1982年に卒業した佐藤義雄君というのが君の会社にいるはずだよ。たまたま僕と同じ町内に住んでいて、テニスサークルでいっしょなんだ。ところでテニスで思いだしたが、昨年市民大会に出場してね、4回戦まで勝ち残ったけれど、次の日筋肉痛で歩くのも大変だったよ。筋肉痛で思いだしたが、最近五十肩で弱っているんだよ。なにかよい治療法はないかなあ」

ざっとこんなぐあいで、会話は延々と続いていくのです。たったこれだけの会話の中でも、「金子先生」「定年退官」「A大学」「佐

藤義雄」「テニス」「筋肉痛」というキーワードが、連想の引き金になっていることがわかります。

連想が、あなたの記憶の輪をどんどん広げて脳の活性化に寄与するのです。つまり連想を鍛えることが、記憶力強化の武器となるのです。

連想にはおもに3種類あることは、知っておいてよい知識です。

それらは、「**接近連想**（せっきんれんそう）」「**反対連想**（はんたいれんそう）」「**類似連想**（るいじれんそう）」と呼ばれます。これらについて簡単に解説していきましょう。

1. 接近連想

2つ以上のものの印象が近ければ、その一方がもう1つのことを思いださせる引き金になるということです。たとえば、机とイス、鉛筆と消しゴム、タバコとマッチ、スープとスプーン、ラケットとテニスボールというような2種類の言葉です。

もう1つは、原因と結果のペアです。風邪と熱、台風と洪水、車と交通事故なども接近連想です。

2. 反対連想

2つ以上のものの印象が反対の性質をもっていると、ある印象がほかの印象を思いださせます。たとえば、少年と少女、左と右、黒と白、善と悪、天と地、北極と南極などのペアです。

感情面においても反対連想は、数多くあります。喜びと悲しみ、怒りと笑い、緊張とリラックス、楽しみと苦しみなどです。人生を振り返ってみると、楽しかったことと苦しかったことが交互に思いだされるのも、反対連想によるものです。

3. 類似連想

2つの印象がなんらかの点で類似している場合にも連想しやすくなります。たとえば、靴と下駄、野菜と果物、デパートとスーパーなどがそれにあたります。類似連想と接近連想はよく混同されますが、似たような種類から発生する連想が類似連想で、関連が深いために連想がわくのが接近連想です。

たとえば花と草は類似連想ですが、花とミツバチは接近連想です。同様に、同じ発音で意味が違う2つの事象も類似連想に分類されます。雲とクモ、雨と飴、橋と箸などはその典型例でしょう。

接近連想の例
と
と
と
と
と
反対連想の例
と
天
と
と
と
地
左
と
右
N
S
類似連想の例
同じ発音も類似連想
と
と
と
と
と
スーパー
デパート

興味がど忘れをなくしてくれる

あなたにこんな経験はないでしょうか？　資格試験であれほど勉強したのに、試験が終わってしばらくすると、勉強した事柄をみごとに忘れてしまっていることに気づく……。あるいは、現在自宅の冷蔵庫の中になにが入っているかはおおよそわかっているけれども、使い切ってしまった食材はすっかり忘れている……。

つまり、脳はもはや必要としなくなった事柄を自動的に脳裏から消し去る機能を保有しているのです。

この例でわかるように、日常生活の場面でも、人間は覚えようとする情報と覚えなくてもよい情報を、無意識に選別しています。つまり、**興味のない情報は忘れやすく、興味をもてばそれを記憶できる**のです。このように短期記憶とは、忘れ去られるか、あるいは長期記憶として半永久的に脳に記憶されるかの瀬戸際にある、とても不安定な記憶です。

自動車事故で加害者と被害者の供述が食い違うことがあります。これも短期記憶の不安定さを証明しています。

横断歩道を渡っていた歩行者に自動車が接触しました。運転手はハンドルを急に切ったため、側道のイチョウの木に自動車がぶつかりました。さいわい歩行者のケガはかすり傷程度で、運転手にケガはありませんでした。

しかし、車は時速40キロの速度で走行していました。木にぶつかったときのショックは相当ひどかったため、車の前部が破損して冷却水が漏れています。

10分ほどして、警官が到着しました。ここで奇妙なことがよく起こります。それは、被害者の証言と加害者の証言が食い違うことです。特に加害者である運転手の記憶がはっきりしないことが多いのです。ぶつかった瞬間はちゃんと記憶に残っているのですが、その前の記憶がみごとに欠落していることがあります。

「強烈な記憶は決して忘れない」という原則からいけば、衝突の瞬間は脳裏に刻み込まれているはずです。専門家は事故のショックが不安定な短期記憶を吹き飛ばしてしまったと解説します。この場合、歩行者に接触して木にぶつかったショックによって、その記憶が吹っ飛んでしまったというべきでしょう。

実際、もっと重大な衝突事故で一命を取りとめた人は、まったく事故のことを記憶していないことが多いといいます。専門的にはこれを逆行性健忘（ぎゃくこうせいけんぼう）と呼んでいます。前に述べた野球のバッターのように、事故の瞬間からさかのぼって約20秒間の記憶は、みごとに吹っ飛んでいるのです。

もしも、衝突の瞬間まで脳がすべてを記憶していたなら、そのショックで心臓が停止してしまうかもしれません。衝突の直前に、脳は失神させることで自動的に記憶を遮断して、心臓を止めてしまうほどの大きなショックを回避するのです。

必要な短期記憶は、長期記憶に移行させて、忘れてもよい短期記憶は、その場で忘れましょう。ちょっとした工夫をすれば、不安定な短期記憶をうまくコントロールできるのです。

第4章

視覚＋αで
もっと覚えられる記憶術

イチローや羽生名人といった超一流の人たちは、驚くべき記憶術を身につけています。言い換えれば、この記憶術を身につけたからこそ、超一流になれたといえるのです。ここではこの記憶術の紹介と、記憶力を増進するさまざまなテクニックを紹介していきます。

「イチロー式瞬間記憶術」をマスター

イチロー選手は、**瞬間記憶術**の達人です。もっといえば、プロ野球選手やプロテニス選手、あるいはプロサッカー選手は、すべて瞬間記憶の達人なのです。

彼らはパターン認識により、飛んでくるボールの情報を瞬時に画像処理しなければなりません。その時間はせいぜい0.2～0.3秒。ここに記憶術の達人になるヒントが潜んでいるのです。

たとえばイチロー選手の場合、ほかの選手に比べてヒットを量産できた大きな理由は、ピッチャーの手からボールが離れた瞬間、そのボールのさまざまな情報を瞬時に、しかも正確に把握できたからだと推察されます。

彼はボールの速度、スピン量、スピンの向き、軌道など複数の要素を脳内で瞬時に判断して、ボールがホームベースに飛んでくるずっと前に、すでに頭の中でヒットを打っているはずです。

つまりイチロー選手は、ほかのバッターよりも球の見きわめが早いため、その決断からボールを打つまでの時間的余裕があるのです。一方、見きわめの遅いバッターは、最終決断をしたとき、すでにボールがかなりホームベースに近づいています。そのため、時間的余裕がなく、対応を間違ったり、タイミングが遅れたりして、凡打になる確率が高くなるのです。

これは野球のバッターにかぎらず、サッカー、テニスをはじめとするほとんどの球技の選手にも当てはまります。彼らは、かぎられた時間内で正しい決断と身体運動を完了させなければなりません。その結果、彼らは瞬時にその情報を処理する能力を身につけたといえるのです。

実は私は、まだイチロー選手が無名だったオリックスブルーウェーブ時代に、彼の反射神経を直接測定しています。長方形の大きなボードに埋め込まれたライト108個のうち、1個が点灯します。そのライトにタッチするとそのライトは消え、同時に別のライトが点滅するという装置です。

たとえば、1分間で何個のライトをタッチして消すことができるかを競う、反射神経の測定とトレーニングをかねたテストで、彼はいとも簡単にすごい成績をたたきだしたのです。

あるいは、これは私の測定したデータではありませんが、タキストスコープという装置を使用してイチロー選手の瞬間記憶を測定した結果、彼は当時のオリックス全選手の中で、最高レベルの成績をあげたのです。

タキストスコープというのは、スクリーンにたとえば8桁の数字が0.1秒だけ表示される装置です。この装置を使用して、表示された数字を瞬時に読み取るテストをしたのです。ちょうどカメラでパシャパシャと写真を撮るように、数字をパターンとして瞬時に記憶する能力がスポーツ選手には求められるのです。

このテストでイチロー選手は、10回の測定の平均値で6.7桁を記憶しました。全選手の平均値が5.0桁でしたから、相当優秀な記録です。時速140キロ以上の速球を何十万回、いや何百万回バットでとらえる習慣が、彼に驚くべき瞬間記憶力という能力を授けたのです。

その気になれば私たちも、この能力を高めることができます。**通勤電車の車窓に高速で流れるさまざまな広告や、立て看板の情報を読み取れば、この能力が鍛えられる**のです。

あるいは、車の助手席やタクシーに乗っているとき、反対方向から走ってくる車のナンバーを瞬時に読み取るのも、この能力を高めてくれます。事実、イチロー選手は小さいころからこのトレーニングを趣味にして、車に乗るたびに実践していたそうです。

ただし、自分で車を運転するときは危険ですので、くれぐれもこのトレーニングはやめてください。とにかく、情報の読み取り時間を徹底的に短縮して、このようなトレーニングを習慣化すれば、驚くほど記憶力が増進するだけでなく、あなたの脳の活性度がどんどん高まっていくのです。

タキストスコープによるテスト

スクリーンに8桁の数字を
0.1秒表示する

10回測定の結果

オリックス
全選手の平均

5.0桁

瞬間記憶力を高めるには

電車の車窓から
高速で通り過ぎる
さまざまな広告や
立て看板を読み取る

車の助手席やタクシーで
反対方向から走ってくる
車のナンバーを瞬時に
読み取る

（車を運転するときは
危険なのでやめてください）

脳は画像記憶が得意

私は左脳と右脳を連動させる記憶術を推奨して、多くの受験生やビジネスパーソンに活用してもらっています。つまり、本来脳というものは、解剖学的に見て文字や数字を処理するようにはできていないのです。

記憶に関していえば、文字や数字を処理する速度や容量において、脳はパソコンにまったくかないません。しかし、人の**顔と名前を記憶した場合、脳は、たった4～8文字の情報量しかない名前よりも、顔という情報量が圧倒的に多い画像情報を、強烈に保持している**のです。

つまり、脳の得意な画像記憶を高めれば、自然に記憶力も増進すると考えられます。それだけでなく、脳の活性度は驚くほど高まるのです。

それでは私の大好きな、画像記憶を高める**トランプ記憶ゲーム**

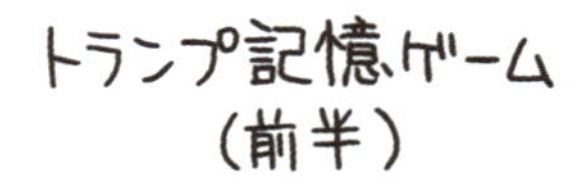

1.トランプを
よくかき混ぜる

2.テーブルに
裏にして置く

3.いちばん上をめくり
表向きにして置く

を紹介しましょう。とにかく画像記憶を高めるには、訓練しかないのです。用意するものはトランプ1組だけ。

カバンの中にトランプさえ入れておけば、それだけでちょっとしたすきま時間を活用して、いつでもどこでもこのトレーニングが楽しみながらできるわけです。

やり方を簡単に説明しましょう。まず、トランプをよくかき混ぜます。そして裏向きにしてトランプの山をテーブルの上に置きます。次にいちばん上のカードをめくり、表向きにしてテーブルの上に置きます。このとき、そのカードのデザインをしっかり記憶しましょう。

たとえば「スペードの3」なら、その画像を記憶して「スペードの3」と口で唱えながら、そのカードを裏返しにします。

次にトランプの山から、もう1枚のカードを引いてきます。たとえばそのカードが「ハートの7」なら、同じようにその画像を記憶して「ハートの7」と口で唱えながら、先ほど引いた「スペードの3」の横に裏返して置きます。

さて、ここからがトレーニングです。裏返してある2枚のカードを「スペードの3」「ハートの7」と唱えながら1枚ずつ表向きにしていきます。もちろん2枚なら、あなたは間違いなく、そのトランプのマークと数を正しく答えられるでしょう。そして正解したら、その2枚のカードを裏返しましょう。

この要領で、1枚ずつカードを増やしていくのです。めんどうがらずに、かならず最初のカードからコールしていくことが、このトレーニングのポイントです。もしも途中で1枚でも間違ったら、そのカードの枚数がその日のあなたの成績です。そのカードを横に捨てて、トランプの山から新しいカードを1枚引いてきて、同じ要領でこのトレーニングを繰り返しましょう。

すでに説明した、ミラーナンバー(p.36参照)の限界である9枚を打ち破ることが、このトレーニングの目的です。このトレーニングにより画像記憶力を高めれば、簡単にその限界を打ち破ることができるのです。

このトレーニングをマスターしたら、もうワンレベル難度の高いトレーニングにチャレンジしてみましょう。今度はカードを1枚ずつ表返して並べながら、表返すたびに「クラブの4」「ハートのクイーン」「スペードの9」などとコールしながら、そのカードのデザインを記憶します。

まず5枚からスタートさせてみましょう。5枚のカードを全部表向きにして並べたら、すべてのカードをじっくりながめてしっかり記憶します。

次に、最初のカードから1枚ずつ、もう一度記憶しながら裏返していきましょう。裏返し終わったら今度は、最初のカードからそのカードのマークと数をコールしながら表返していけばいいのです。

最終的に10枚のカードを難なくスラスラと記憶できるようになっていれば、あなたの脳の画像記憶は最高レベルに高められているはずです。

驚きの「イメージストーリー記憶法」

イメージトレーニングを活用したイメージストーリー記憶法は、あなたの記憶の限界をさらに破ってくれます。このトレーニングにおいてミラーナンバーの限界は、まったく関係ありません。まさに、ほぼ無限の事柄を記憶できるのです。

円周率を数万桁記憶している記憶の達人は、この記憶法によってそれをなしえています。彼らはすべての数字をイメージに変換して、それを物語化して記憶していくのです。

それではさっそく、ここで練習問題をあなたにやってもらいましょう。下の表の事柄を、順番に物語にしてください。つまり、この12個の事柄が登場する物語をつくるわけです。私が作成したストーリーを次のページで紹介しますので、参考にしてください。

1. 富士山	7. 携帯電話
2. ニンジン	8. 飛行機
3. ヨーグルト	9. 腕時計
4. 裁判所	10. トマト
5. セーター	11. 吊り橋
6. ゴルフ	12. パンダ

「富士山」の頂上に、大きな「ニンジン」が生えている。私は頂上から降りていく途中で、「ヨーグルト」を食べる。麓に「裁判所」があり、「セーター」を着た裁判官が、裏庭で「ゴルフ」の練習をしている。突然、「携帯電話」が鳴り、彼は一目散に裁判所の横の広場から「飛行機」で離陸していく。「腕時計」を見ると、そのデザインは「トマト」であり、しばらく歩くと「吊り橋」がかかっており、その吊り橋に「パンダ」がぶら下がっている。

もちろんこれはあくまでも物語の一例であり、あなた独自の物語を作成して、すべての事項を記憶してほしいのです。この記憶法に従えば、事柄の順序までしっかり覚えられます。

たとえ「8番目はなに？」と聞かれても、あなたがこの物語をきっちりと記憶していれば、わずか数秒以内にお目あての事柄を言い当てることができます。最初から、この物語を早送りでイメージしながら指を折ってその事柄をカウントすれば、難なく8番目の事柄である飛行機を間違いなく思い出せるのです。

下の表に100項目の事柄を列挙しました。これをサンプルにして、100個のストーリーづくりにチャレンジしてみましょう。右脳のパワーを活用したイメージストーリー記憶法が、あなたに偉大な才能を与えてくれるのです。

	1～25		26～50
1	ニンジン	26	数学
2	三輪車	27	マラソン
3	イカ	28	税務署
4	ラジオ	29	風邪薬
5	夢	30	友達
6	ラムネ	31	テニス
7	ユズ	32	自転車
8	ホタル	33	セミ
9	消防士	34	草餅
10	テレビ	35	ゴボウ
11	キュウリ	36	ハンカチ
12	ウサギ	37	お好み焼き
13	公園	38	ニシン
14	フェリー	39	三味線
15	数字	40	囲碁
16	世界地図	41	ロウソク
17	爪切り	42	時計
18	熊	43	温泉
19	ベンチ	44	ビール
20	ゴルフ	45	雑誌
21	地震	46	ハチミツ
22	ユリ	47	芝生
23	放送局	48	トラック
24	同窓会	49	人相
25	キムチ	50	兄弟

	51～75		76～100
51	クリスマス	76	積乱雲
52	フッ素	77	ワカメ
53	和服	78	図書館
54	ミカン	79	レストラン
55	換気扇	80	飛行機
56	正月	81	タコ
57	スイカ	82	砂浜
58	おかき	83	トンボ
59	はちまき	84	ベルト
60	警備員	85	フロッピー
61	ロシア	86	化粧水
62	トマト	87	緑茶
63	ギター	88	鉛筆
64	豆腐	89	スマートフォン
65	銀座	90	ダイコン
66	ベンチ	91	牡蠣
67	すい星	92	中華料理
68	魔法使い	93	セーター
69	タバコ	94	洋室
70	風呂	95	タンポポ
71	麦	96	ゾウ
72	豚肉	97	冷蔵庫
73	桜	98	池
74	ゴンドラ	99	カレンダー
75	新聞	100	漢字

知って得する名前記憶術

「世の中でもっとも耳にあまく響くよい音楽は、自分の名前の響きである」

これは『人を動かす』を著したデール・カーネギーの言葉です。たった一度しか会ったことがなく、しかも1年以上前なのに、私の名前をしっかりと覚えている人がいます。なつかしそうに、笑顔で「やあ、児玉さん。おひさしぶりですねえ」と声をかけてくれます。

このように、自分の名前を呼ばれてあいさつされるのは、実に気持ちのいいものです。「名前を覚えるのも、テクニックである」と私は考えています。相手に喜ばれるだけでなく、自分の脳の活性化にもつながるわけですから、このテクニックはぜひマスターしたいものです。

実は、**名を成し、功を遂げた人の多くは、名前を覚える天才**なのです。彼らが記憶力の天才だったからではありません。名前に対する思い入れが、ほかの人たちよりも強かっただけなのです。

ど忘れをすることがもっとも多いのは名前であるといいます。身の回りに起こった出来事は、あんがい記憶しているのに、名前となると、たった10分前に会った人の名前がでてこないことも、よくあります。名前を覚えるコツを理解していないからです。

たとえば、あなたが商談かなにかで得意先に行き、まったく初対面の3人と打ち合わせをすることになったとしましょう。こんなときに、どの人がもっとも印象に残るでしょうか？

・よく話をした人
・有名人と似た名前の人
・顔が印象的だった人
・もっとも地位が高かった人
・印象に残る話をした人

おそらく、こんな人の名前が記憶に残るはずです。つまり私たちは、無意識にいくつかの要素によって、記憶を深めることができるのです。

・印象深い人のほうが、印象の薄い人よりも記憶しやすい
・要人のほうが、そうでない人よりも記憶しやすい
・連想の働く人のほうが、そうでない人よりも記憶しやすい

印象度の高い人は、誰でも頭に入るものです。ところが、それでは脳を働かせていることにはなりません。**記憶力を高めたかったら、印象の薄い人をしっかり覚える**ことです。

地位の高い人よりも、これから仕事を直接進めていく人の名前を、しっかりと記憶しましょう。あるいは、連想しづらい人のことを意識的に覚えるテクニックを身につければいいのです。日ごろからこんなことを意識しておけば、脳は自然によく働くようにできているのです。これから述べる「児玉流名前記憶術」をぜひマスターして、記憶の達人を目指してください。

名前記憶術① 最初に名前と顔を頭にたたき込もう

名前や顔を記憶できない最大の理由は、それ以外に意識がいって、チャンスを逃してしまうことにあります。相手の服装や肩書、面会した部屋の様子や周りの雰囲気……。最初に会った瞬間にこんなことに意識を払いすぎて、肝心の相手の名前と顔を記憶する絶好の、しかも唯一のチャンスを失ってしまうのです。

初対面の人と会ったら、本題に入る前に、私はあらかじめ用意しておいたいくつかの質問をして、その間に相手の顔と名前を頭にたたき込みます。

まず私は、名刺と顔を見比べながら、いくつかの質問をします。「木村さんはこの部署にこられて長いんですか？」「そういえば、前の担当者の田中さんから吉田さんのおうわさは、いろいろお聞きしていたんですが……」「確か佐藤さんの前任の武田さんには、この件についてご説明しておいたんですが……」

なんでもいいから、席について本題に入る前に、**少なくとも3回、名刺と顔に視線を往復させて話しかけてみましょう。しかもその会話には、かならず相手の名前を入れます。これだけで少なくとも相手の名前を、確実に覚えることができる**のです。

逆にいうと、あなたが記憶術の達人でないかぎり、最低3回は顔と名前を対比させながら相手の名前を口にしなければ、記憶できません。

最初に顔を合わせたときにこれをしなければ、時機を逸することになります。このテクニックをマスターすれば、あなたは名前を記憶するエキスパートになれるのです。

本題に入る前に、名刺と顔を見比べながら……

相手の名前を必ず入れながら
3回、名刺と顔に視線を往復させて
話しかけると、名前を覚えられます

名前記憶術② 面会が終わったら、かならずこれ！

いくら面会の最初に名前を記憶していても、話が終わってしばらくすると、その記憶は脳裏から忘れ去られる運命にあります。そのまま放っておくと、初対面のときに、せっかく相手の名前と顔を頭に焼きつけた努力がムダになってしまうのです。

面会が終わったら、こっそり名刺入れから名刺を取りだして、もう一度名前を確認しながら、顔を思い浮かべてみましょう。特徴を忘れたくなかったら、**名刺に顔の特徴をメモしておいてもよい**でしょう。ひょっとして忘れることがあっても、このメモがあれば、あんがい簡単に思いだすことができるからです。

これはパーティのときでも同じことです。パーティが終わってから、パーティで話をした人の名前と顔の特徴、そして話の内容を簡単にメモしておけば、次回会ったときにど忘れする確率は、グンと低くなります。

面会が終わったら
もう一度 名前を確認しながら……

名刺に特徴をメモしておくと簡単に思いだせる

名前記憶術③　週末に名刺とメモを整理

3つ目は、週に1回、できれば週末に、会った人の名刺を整理する習慣をつけることです。多くの人々が、面会したその日に、会った人の名刺を名刺ファイルに収納してしまいます。これが名前を記憶できない障害になっているのです。

私は名刺にその人の特徴をメモしたあと、名刺入れの中に、そのまま保存しておきます。そして、**日曜日の夕食後のひとときを利用して、名刺の整理をする**のです。会ったときのシーンを思いだしながら、1枚1枚、それを十分時間をかけながら名刺ファイルに入れていきます。

同様に、手帳のメモをもう一度読みながら、すでに面識があって、名刺のやり取りをしなかった人のことも思い浮かべます。

この作業をすることにより、初対面の人の名前と顔は、ほぼ完璧に、頭の中に長期記憶として保存されることになります。同時に、その週の自分の行動をしっかりと反省し、翌週の行動プログラムのヒントを教えてくれる一石二鳥の効果が、この習慣には期待できます。

以上解説した3つの記憶術で、初対面の人の顔と名前をしっかりと頭の中にたたき込みましょう。これであなたは名前を記憶する達人になり、人間関係はいままで以上にスムーズに運ぶようになるのです。

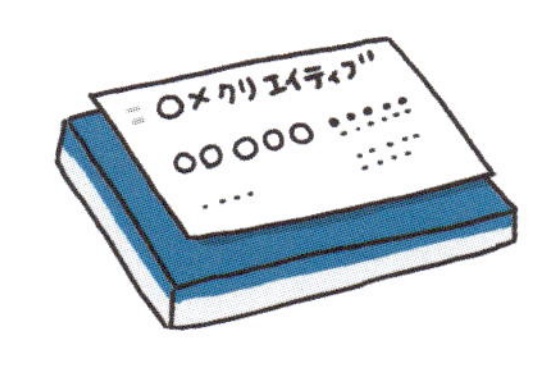

超短期記憶を洗練させる

あなたが自動車を運転するとき、超短期記憶は大きな役割をはたします。交差点の20メートル手前で、あなたは信号が黄色から赤に変わるのを認識します。その情報はすぐに脳に伝えられ、右足にブレーキを踏ませる準備をします。そして交差点の手前で、あなたの運転する自動車は停止するのです。

しばらくして、信号が青に変わりました。それを認識したあなたは、右足でアクセルを徐々に踏み込みます。自動車はゆるやかに加速していきます。

次の交差点の10メートル手前にきたところで、信号が青から黄色に変わりました。交差点で停まるか、それともそのまま走り抜けるか……。瞬時の判断が、そこで要求されます。あなたはアクセルを踏み、車を加速させます。交差点で思わずクラクションを鳴らしてしまいます。

日常生活は、このような動作の連続です。信号を見る、ブレーキを踏む、アクセルを踏む、交差点を人が横切っていないかを確かめる、横車線に車が走っているかどうかを確認する、カーステレオから流れる音楽を聴く、ハンドルを操作する、などなど……。

車を運転するだけでも、私たちは少なくとも10～15の無意識の動作を繰り返しています。そしてそれらの多くは、間違いなく

次の行動の選択に不可欠な動作なのです。せいぜい数秒以内しか頭にとどまらない、この**超短期記憶**と呼ばれるものは、日常生活の行動をスムーズにするうえで、もっとも大切な記憶なのです。記憶する必要のない、いや忘れなければならない超短期記憶が、日常生活を支えています。

かぎられた短時間に次々こなしていかなければならない行動では、超短期記憶が主役となるのです。このとき、いわゆる大脳新皮質でなされる、私たちが「思考」と呼んでいる機能は必要ありません。それどころか、思考が介在すると大事故につながることになるのです。

たとえば、初心者の車の運転がそうです。経験がないために、とっさの判断ができず、思考に頼って決断が鈍り、それが大事故につながることもあるのです。

短期記憶と超短期記憶には決定的な違いがあります。短期記憶には思考が介在しますが、超短期記憶にそんな時間的余裕はないのです。しかも、超短期記憶はせいぜい2～3秒しか脳に残存しないのに比べ、短期記憶は数秒から数日、残ります。

熟練した運転手は、超短期記憶の連鎖をみごとに駆使して、スムーズに車を走らせます。むろん、その記憶は浮かびあがった瞬間に忘れ去られていきます。

階段の昇降、ピアノを弾く、テニスボールを打つ、食事でフォークを扱う……。すべて、これまで説明した自動車の運転と同じような連続した超短期記憶を働かさなければ、決してスムーズにことが運びません。

思考が介在するプロセスは、意識下にあります。ところが超短期記憶の特徴は、反射的に運動神経に伝達され、ほとんど思考を介在しない無意識下で進行していくことなのです。

階段でつまずいてケガをする、自動車事故を引き起こす、テニスボールを身体にぶつけられてしまう……。年をとるにつれ、こんなミスが目立つようになり、ときには重大な事故を引き起こすことになります。

すべて脳や目、耳などの感覚器官の老化によって引き起こされる超短期記憶処理のミスや、処理時間の遅さが原因です。**日ごろから感覚器官を鍛えておくことで、超短期記憶が洗練されて、スムーズな動作が実現する**のです。

視覚的に覚えるときの落とし穴

人間の記憶の80～90パーセントは、視覚から入力されたものであるといいます。この事実から、人間にとっていかに視覚イメージが強烈かがよくわかるでしょう。目を通して入力された視覚情報は、大脳皮質の後頭部にある視覚野に運ばれます。この部分でさまざまな加工がなされ、私たちはその情報を把握することができるのです。

ただし、視覚イメージだけに頼っていると、ちょっとしたはずみで記憶が抜け落ちることがあります。だから、**視覚以外の感覚器官を総動員して記憶すれば、それだけ記憶は強烈になる**のです。

たとえば英単語のlemon（レモン）を記憶するとき、レモンの映像だけでなく、レモンの表面の感触、あるいは香りや味もいっし

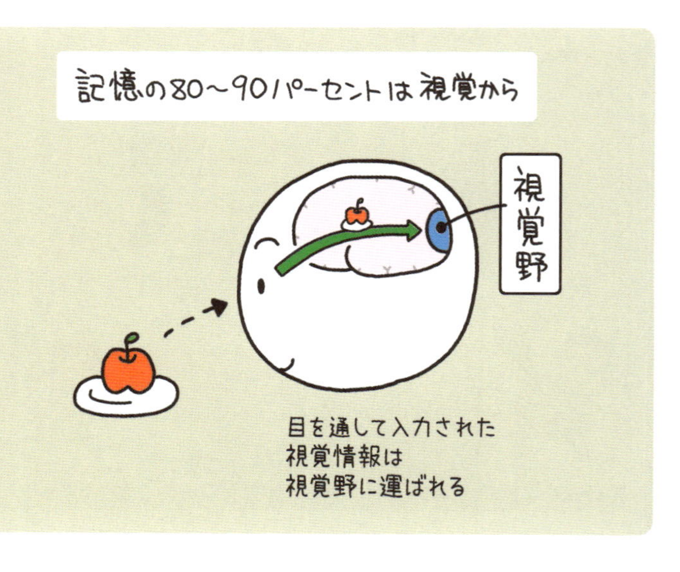

ょに動員させてイメージすると、その記憶はより鮮明になります。

カラオケの歌詞を暗記するときに、目から入力する視覚イメージだけでは文字をなかなか覚えられません。そこで歌詞を覚えるときには、聴覚イメージを働かせればよいのです。そうすれば、ほとんどミスもなく覚えられることに気づくはずです。

日本酒の利き酒をする人は、何百種類という銘柄の微妙な味覚の違いを感知する能力があるといいます。ほんのわずかな香りや舌触りによって、彼らはその酒がどの銘柄なのかを、たちどころに見分けることができるのです。

あるいはアロマテラピーの専門家は、何百種類もの微妙なにおいの変化を識別できます。つまりアロマテラピストは、すばらしい嗅覚記憶のもち主なのです。

私は兵庫県明石市で生まれました。そのせいか、小さいころから魚には格別の興味をもっていました。だから、小学1年生のと

きに、魚の図鑑に掲載されている約百種類の魚を、その姿を見ただけで言い当てることができました。

当時、私の母方の祖父が、「これはサバ」「これはアジ」と魚を指差しながら、声をだして教えてくれた記憶が、ついこの間のことのように、脳裏によみがえってきます。

しかも、図鑑で魚の名前の下に表記されていた「鯖」「鯵」「秋刀魚」といった難しい魚の漢字をスラスラと書けたことを、いまでも鮮明に記憶しています。

そのとき私の頭の中では、魚の視覚イメージだけでなく、聴覚イメージが加わって、記憶をより強固なものにしていたはずです。

感覚器官は、通常の視覚、聴覚、触覚、嗅覚、味覚以外にもたくさん存在するのです。圧覚、痛覚、温度感覚などがそれにあた

ります。

2年前に行った温泉旅館では風呂湯の温度がとても熱かったとか、ドアで指をはさんだホテルの名前なんかは、意外とよく記憶しているもの。あるいは、飢餓感、のどの渇き、満腹感などの臓器感覚などの感覚も、場合によっては記憶の味方になってくれます。「5年前だったかなあ。信州の山奥をドライブしたとき、レストランが見つからなくて腹がへってどうしようもなかったよなあ」といったぐあいに、お腹がへっていたときの印象は、あんがい記憶に鮮明に残っているものなのです。

このように、**たんなる視覚イメージだけではなく、それ以外の感覚器官のイメージをしっかりと記憶の中に織り込むことによって、あなたの記憶は鮮明なものになる**のです。

視覚イメージはどこにある？

記憶がどこに保存されているかについて精力的に調査したのは、米国の心理学者ラシュレーです。

彼はネズミを特殊な装置を組み込んだカゴの中に入れました。そしてそのカゴには、2つの出口を設置しました。縦縞（たてじま）模様の出口に行けばエサを与え、横縞（よこじま）模様の出口に行くと電気ショックを与えるように工夫された装置です。

この実験において、予想されたとおり、ほどなくネズミはエサがありつける縦縞模様の出口に繰り返し行くことを学習しました。ここでラシュレーは、この学習を終えたネズミの大脳の部分を除去して、ネズミが縦縞模様にエサがあるという学習を忘れる部分を限定することを試みました。

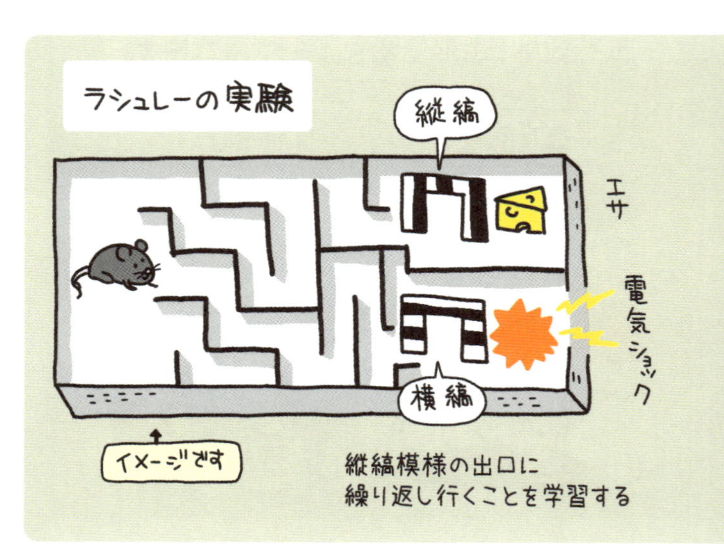

すると驚いたことに、**数多くの学習を終えたネズミの大脳のあらゆる部分を部分的に除去しても、ネズミの学習効果は消去されなかった**のです。彼は、この実験を33年間という実に長い期間にわたって試行しました。

そして最終的に、この言葉を残して彼はこの実験を終了したのです。

「私は長い間、この研究を続けてきた。その結果唯一わかったことは、少なくとも記憶の所在は、1か所だけに限定されることはないということだけだった」

後年、ラシュレーの膨大な実験は日の目を見ることになります。それは、記憶がまるで星座のように、脳の特定領域に限定されることなく、かなり広範囲の領域に分散していると主張した、スタンフォード大学のプリグラム教授の実験結果によるものでした。

彼は『脳を考える脳』（朝日出版社）の中で、その概念を述べて

います。彼は視覚イメージを脳がどう処理しているかについて、1,500匹以上のサルを使って研究を重ねました。

そして、ホログラムに象徴されるプリグラム理論を確立したのです。あくまでも仮説ですが、視覚イメージをもっともうまく説明する理論として、現在も支持されています。

その概念を簡単に説明しましょう。たとえば、カメラで撮影したフィルムに像が刻み込まれていた場合、その部分がダメージを受けると、その像は消滅してしまいます。ところが、ホログラフィでは乾板にレーザー光線を当てると、干渉したビームが立体像をつくりあげるのです。この概念では、情報はさまざまな部分に分散しているので、一部が破壊されてもその立体像のピントが若干あまくなるものの、像そのものはほとんど影響を受けません。

この概念で説明すると、乾板1立方センチメートルで100億ビットもの情報が処理できるのです。

つまり、**脳の3分の1が破壊されても、記憶の3分の1が失われるわけではない**のです。全体の記憶を保持したまま、その記憶全体の鮮明度が30パーセントぼやけると考えたほうがよいでしょう。短期記憶は不安定であるためすぐに消滅しますが、長期記憶はそうはなりません。記憶されている脳細胞が少しずつ死滅していっても、記憶は少しずつ薄れていくという表現が正しいでしょう。

連想という想起のメカニズムは、共通の因子が刺激を受けて、張りめぐらされた導火線に着火して、次々に花火を爆発させるようにして実現されます。

あなたが脳を刺激すればするほど、脳のすみずみにまで張りめぐらされた記憶の導火線に、次々と着火させることができるのです。

脳細胞が少しずつ死滅していっても、特定の長期記憶がすぐ失われるわけでなく、少しずつ薄れていくと考えられる

顔を覚える記憶術を身につける

名前は覚えているのに、顔が思いだせない。こういう経験をしたことが、あなたにもあるでしょう。右脳を鍛えれば、こんな悩みは簡単に解消するのです。

日ごろから顔を記憶する習慣をつけましょう。大脳新皮質には顔だけを覚える脳細胞があるのです。学者の中には、これを「顔細胞」と名づけている人がいます。

将棋の譜面やゴルフのコースレイアウトを記憶するのと同じように、その部分さえ鍛えれば、簡単に顔を覚えられるようになるのです。

残念ながらすでに故人となられてしまいましたが、右脳活性の権威であった品川嘉也さんは、「雑踏で美人とすれ違ったら、ちょっと立ち止まって目を閉じて、その顔をもう一度思い浮かべることが、楽しく右脳活性トレーニングをやるコツだ」と説いておられました。なにごとも興味をもって取り組めば、その能力は間違いなく高まるのです。

お気に入りのタレントの顔を思い浮かべることも、顔を覚える能力を向上させてくれます。女性なら、嵐のメンバーや竹内涼真、あるいは福山雅治、水谷 豊。男性なら新垣結衣や石原さとみ、もしくは米倉涼子、吉永小百合の顔を思い浮かべればいいのです。**顔細胞を刺激してこの部分を活性化すれば、顔を記憶することは自然に得意になる**のです。

有名人に似ている一般人、「そっくりさん」が登場するバラエティ番組のコーナーは、今も昔も人気があります。これは誰もが「顔

が似ている」という事実に興味を示すことを象徴しているのです。

人間の脳は連想することによって、似ている顔から別の顔を記憶の貯蔵庫から引っ張りだしてくる能力があるのです。どんな人でも、連想によって有名人の誰かに似ているもの。だから顔を覚えるときには、有名人の誰に似ているかをちょっとメモしておくだけで、意外と簡単にその人の顔を思いだせるのです。

中には、「目の大きい人」とか「大柄な人」と言葉でメモしている人がいますが、これでは左脳を刺激するだけで、連想することは難しいのです。右脳のパワーを最大限に生かすために、すでにあなたの脳にインプットされている有名人の顔をサンプルにして、そこから連想する習慣をつけましょう。

一般に、物に比べて顔を記憶するのは難しいものです。その理由は、顔には目的がないからです。たとえば、炊飯器はごはんを炊くもの、テニスのラケットはボールを打つもの、そして財布はお金やカードを入れるもの、といった目的があります。だから連想が比較的簡単にできるのです。

ところが、顔には連想するものがありません。あるとすれば、有名人の顔くらい。だから、記憶にとどめておくのが難しいのです。

しかし、ビジネスの現場で顔を記憶することに興味をもてば、セールスの武器になるだけでなく、脳の活性化にとって格好のトレーニングにもなるのです。

街にでたら、すれ違う人の顔を、ほんの数秒間でいいから記憶しましょう。気が向いたらその習慣をつけるだけで、きっとあなたは顔を覚えるエキスパートになるはずです。

第5章

まだある！
記憶と脳の活性法

ワーキングメモリー（p.4 参照）を活用すれば、記憶力が増強されるばかりか、脳の活性化にもなります。本章では活用のためのテクニックとして、部屋記憶法やドットトレーニング、強制想起トレーニングなどを紹介していきます。これらのトレーニングを実施し、記憶力を鍛えてください。

短期記憶を鍛える部屋記憶法

ワーキングメモリーを活用することにより、記憶力の増強だけでなく、脳の活性化を図ることができます。これから紹介する**部屋記憶法**は、日常生活でワーキングメモリーを強化する、大きな味方になってくれます。

この記憶法は、比較的数量の少ないものを手間暇かけずに記憶するときに重宝します。ふだん住み慣れた家の間取りと、そこに常設されている品物やインテリアは、あなたの脳内にしっかりとその位置とともに記憶として保存されているでしょう。

その物品と、あなたが記憶したい事柄や品物とを結びつけて記憶していけばよいのです。参考までに、私が自宅の中でその位置を記憶している20項目を以下に示します。

1. 玄関の扉　2. 花びん　3. 洋服かけ　4. 洗面台　5. ドライヤー
6. 歯ブラシ　7. 浴槽　8. シャワー　9. 便器
10. トイレットペーパー　11. テーブル　12. テレビ
13. CDコンポ　14. パソコン　15. 本棚
16. 台所の流し　17. 冷蔵庫　18. 皿洗い器　19. 炊飯器
20. 電子レンジ

このように、まずあなたの自宅の入り口から入って、このような家の中にある20項目を順序立てて確認しながらメモしていき、それらを暗記しましょう。そして、これらのキーワードに項目を結びつけて記憶すればよいのです。

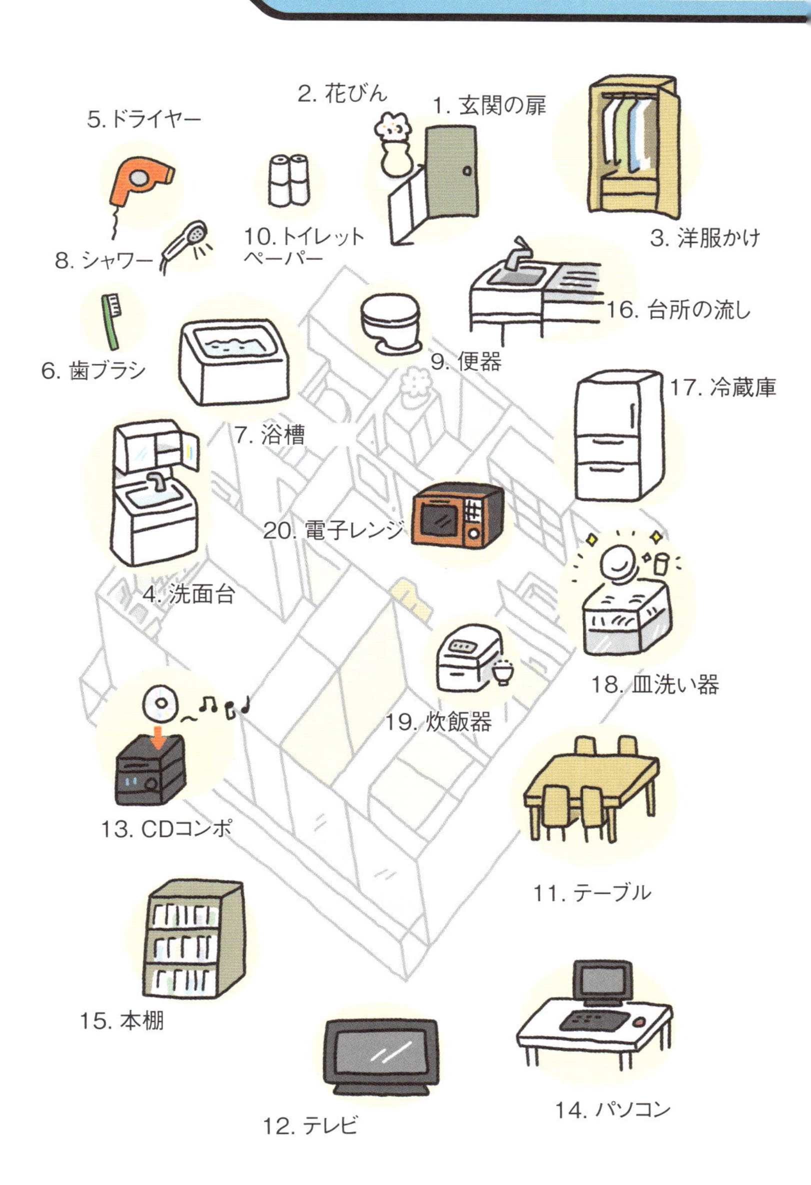
1. 玄関の扉
2. 花びん
3. 洋服かけ
4. 洗面台
5. ドライヤー
6. 歯ブラシ
7. 浴槽
8. シャワー
9. 便器
10. トイレット
ペーパー
11. テーブル
12. テレビ
13. CDコンポ
14. パソコン
15. 本棚
16. 台所の流し
17. 冷蔵庫
18. 皿洗い器
19. 炊飯器
20. 電子レンジ

たとえば、これからあなたがスーパーマーケットに行って、以下の10品目の買い物をするとしましょう。

1. ダイコン　2. サンマ　3. ヨーグルト　4. チンゲン菜
5. 赤ワイン　6. アスパラガス　7. 豆腐　8. しょうゆ
9. 食パン　10. イチゴ

私が作成したイメージ例を以下に示します。

1. 玄関の扉にダイコンがぶらさがっている
2. 花びんにサンマの絵が描かれている
3. 洋服かけの中がヨーグルトで汚れている
4. 洗面台にチンゲン菜がたくさん入っている
5. 赤ワインの底をドライヤーで温めている
6. 歯ブラシの柄がアスパラガスでできている
7. 浴槽に豆腐がたくさん浮いている
8. シャワーからしょうゆがでてくる
9. 便器を開けると食パンが入っていた
10. トイレットペーパーにイチゴのデザイン

親しみやすい自分の家にあるものと結びつけて、ワーキングメモリーを鍛えましょう。そうすればあなたは、簡単に記憶術の達人になれるのです。

買い物予定と自分の家にあるものを結びつける

玄関の扉にダイコン

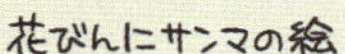

花びんにサンマの絵

洋服かけの中が
ヨーグルトで汚れている

洗面台にチンゲンサイが
たくさん

赤ワインの底を
ドライヤーで温めている

歯ブラシの柄がアスパラガス

浴槽に豆腐がたくさん

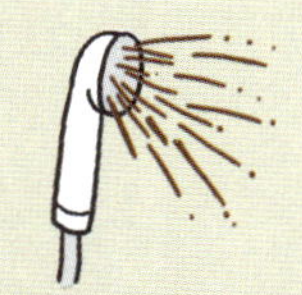

シャワーから
しょうゆ

便器を開けると食パン

トイレットペーパーに
いちごのデザイン

右脳強化の「ドットトレーニング」

私が開発したドットトレーニングは、右脳の記憶力を高めるため、大いに威力を発揮してくれます。やり方は簡単です。スペースの中の、5～12個のドットを読み取る作業です。

左脳で数えるやり方では時間がかかりすぎるので、右脳を活用してカメラでパシャパシャと撮影する要領で、瞬時に記憶する技が、このトレーニングにより身につくのです。

これは、将棋界で伝説の天才といわれる升田幸三さんのあるエピソードにヒントを得て、私が考案した瞬間記憶トレーニングです。升田さんは、大山康晴名人とともに一時代を画した将棋の天才です。彼は将棋の盤面を瞬時に記憶するために、電線に留まっているスズメをパッと見て目を閉じたあと、その数を数えるトレーニングをひんぱんに励行していたのです。

さて、問題は初級(ドット数5～8)、中級(ドット数6～10)、上級(ドット数7～12)の3段階。それぞれの問題数は10問。ドット数の違いにより、難易度を変化させています。

まず右図をコピーしてください。「ヨーイドン」の合図とともに、各枠内のドットの数を数えることなくパターンで判断して、下の枠にその数を記入していきましょう。制限時間は30秒。誰かに時間を計測してもらってください。

それぞれのレベルでの得点を下に記入します。**初級から上級まですべての枠を1秒に1画面のペースで正しく数を把握できたとき、あなたの瞬間記憶力は相当高いレベルになっている**はずです。

初級（ドット数 5〜8）

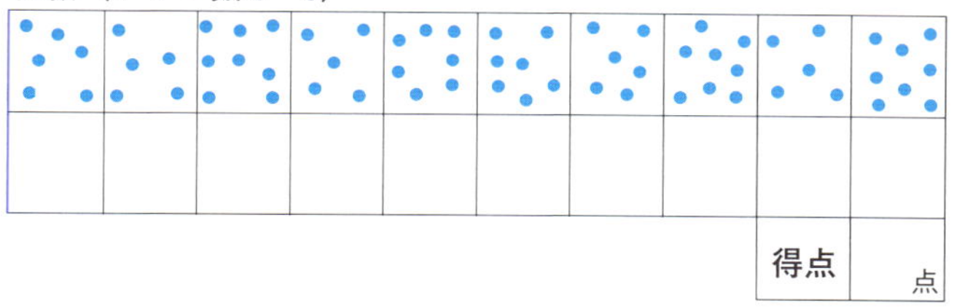

中級（ドット数 6〜10）

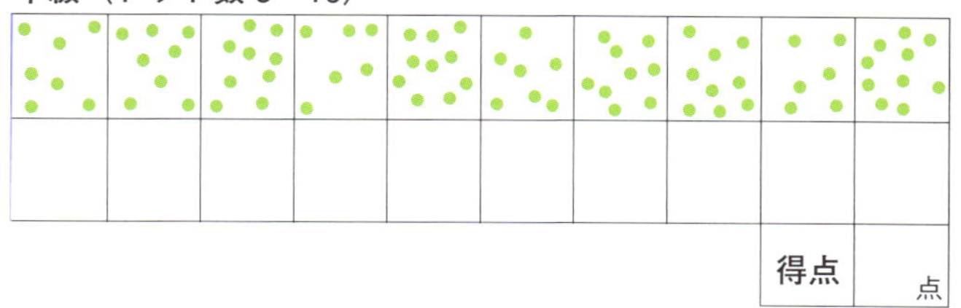

上級（ドット数 7〜12）

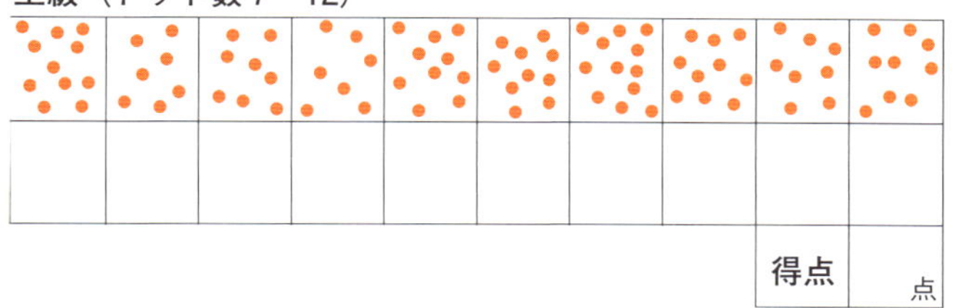

40歳以上は「強制想起トレーニング」

40歳を超えると、とたんにど忘れが気になってきます。ど忘れとは、その記憶を喪失した現象ではなく、その記憶の貯蔵庫が脳内のどこにあるかがわからない状態なのです。

4月になると、私たちは冬物の服を衣装ケースに入れて、押し入れにしまいます。そして11月に、ふたたび冬物を衣装ケースからだそうとするとき、お目あての服をどこにしまったかわからなくなりがちです。ど忘れとは、そういう状態を指すのです。

つまり、事柄の出し入れをひんぱんにしていないから、どの貯蔵庫に入れたかがわからないのです。

私にも経験があります。テレビを観ていて、ドラマにでてくる俳優の名前が、なかなか思いだせないのです。しかし、その俳優の名前を完全に忘れているわけではありません。なにかの拍子に、フッと突然思いだせるのです。

1987年にノーベル医学生理学賞を日本人で初めて受賞した利根川 進さんは、こう語っています。

「老年期にさしかかった人々は、よく『近ごろ、物忘れがひどくなって』といいますが、こういう嘆きは一部の生理学的研究で、その正しさが確認されています。(中略)記憶の獲得、強化、想起のうちでもっとも老化の影響を受けやすいのは、想起であるといわれています」

老人性認知症の初期の段階で、もっとも顕著に現れる記憶上の支障も、想起にかかわるものです。つまり想起こそ、40歳を過ぎたあらゆる人が、強化すべきプロセスなのです。

ど忘れをなくすためにも、とにかくふだんから想起する習慣をつけるしかありません。私が推奨する**強制想起トレーニング**は、その格好の手法です。

やり方は簡単です。好きなテーマと制限時間を設定し、そのテーマに沿った事柄をできるだけ素早くメモ用紙に書きだしてください。制限時間は1分以内が適当です。テーマは「魚の名前」「野菜の名前」「都道府県の名前」など、思いだしやすいものがよいでしょう。

「連想トレーニング」で記憶力増大

記憶力だけでなく、創造力も高めてくれるトレーニング法が「連想トレーニング」です。想起するのはたいていの場合、連想によってなのです。私たちの会話においても、脳の連想機能により、どんどん話が広がっていくわけです。具体例を以下に示します。

A「昨日観た甲子園球場の阪神・巨人戦で、阪神の藤浪投手ががっちり締めくくって勝利に導いてくれたのはすごかったよ」

B「僕も観てたよ。ところで、僕の妹が甲子園のマンションに住んでいるんだよ」

A「そうなの？　最近はマンションも高層化しているねえ」

B「そういえば、僕が昨日行った駅ビル最上階のバーは、夜景がすばらしかったよ」

まさに、連想によってどんどん会話が展開されていくのがよくわかります。多かれ少なかれ私たちの思考は、連想という機能に頼って進んでいくのです。脳が得意とする連想機能を意識的に訓練することは、記憶力を高める有力な武器の1つとなります。

とにかく、**日ごろから連想する習慣をつけることにより、記憶力は着実に増進する**のです。たとえば次ページの上の図は、連想力のすぐれた人の記憶ボールです。記憶ボールは、脳が記憶している事柄です。この人は記憶ボールのフックの数が多いため、自分の欲しい情報が簡単にたぐりだせるわけです。

一方、下の図は、連想力のとぼしい人の記憶ボールです。この人は記憶ボールのフックの数が少ないので、なかなか連想することができないのです。ど忘れが多い人は、たいがいこのようなタ

イプなのです。つまり連想トレーニングとは、記憶ボールのフックの数を増やすトレーニングでもあるのです。

連想する作業は、私がこの本で再三強調している想起を喚起するトレーニングとしても、格好のものです。記憶力だけでなく、創造力も、このトレーニングが高めてくれます。しかもひらめきというのは、たいてい連想によって起こるのです。事実、過去の偉大な発見の多くが、連想により生みだされています。

それではここで、私が開発した**連想トレーニング**を紹介しましょう。このトレーニングでは、右の専用用紙を使用します。まずこの用紙をコピーして、連想を働かせて、思いつくまま頭に浮かんだ事柄を記入していきましょう。

ときには、一見なんの関連性もない事柄がひらめくかもしれません。大事なのは、思いついたことをそのまま記入することです。時計を用意して、制限時間を1分間に設定しましょう。

立ち止まらないでスラスラと事柄が浮かんでこなければいけません。それがこのトレーニングの目的です。

1分間で12項目の事柄を記入するわけですから、1項目に与えられる時間は約5秒間。このリズムで、頭に浮かんだ事柄をどんどん記入していきましょう。

もう1つ有効なのが、**しりとりゲーム**です。これも右の専用用紙を使用します。同じようにこの用紙をコピーして、しりとりのルールに従い、やはり制限時間を1分間に設定して、12項目の事柄で埋めていきましょう。

最初の言葉は、なんでもいいからあなたが思いついた言葉を記入すればよいのです。このトレーニングにより、想起機能が大幅に改善されるだけでなく、あなたのひらめき力が間違いなくアップするはずです。

◉連想トレーニング専用用紙

日付　＿＿＿＿年＿＿月＿＿日　天気

テーマ＿＿＿＿＿＿＿＿＿＿＿＿＿＿＿＿＿＿＿＿

1	2	3
4	5	6
7	8	9
10	11	12

備考欄

サジェストペディア速習記憶法

ブルガリアのロザノフ博士が開発したサジェストペディア速習記憶法は、私が知りえるかぎり、世界でもっとも効果的な記憶法の1つです。ただし、どういうわけか、まだ日本の教育界に浸透しているとはいえません。

話は少々古くなりますが、1960年代の半ば、ブルガリアの首都ソフィアにあるロザノフ博士の研究室に、23歳から60歳までの15名の男女が集まりました。まず彼らは、輪形に並べられたソファに身を沈めてリラックスします。

荘厳なクラシック音楽が流れ、教師がフランス語の教科書をゆっくりとしたリズムで読みあげます。その口調は、ときには命令口調であったり、あるいはやさしくつぶやくようであったり、そしてあるときには事務的な口調になったりしたのです。

この学習は、延々と1日中続きました。そしてその日のすべてのスケジュールがすんだとき、彼らがフランス語をどの程度記憶しているか調査しました。そして結果は驚くべきものでした。

彼らは、その日読みあげられた1,000語のうち、なんと95パーセントを完璧に記憶していたのです。しかも彼らに、努力しているという意識はまったくなく、実験を開始したその日の朝よりもむしろ元気になって部屋をでていったといいます。

このサジェストペディア速習記憶法の特長は、次の項目に集約されます。

1. ソファにゆったりと座ることにより、気持ちをリラックスさせる

2. BGMとしてクラシック音楽を流すことにより、記憶しやすい脳に調整する
3. 読み方を適度に変化させて単調さをなくし、脳に適度の刺激を与える

ロザノフ博士は、最高の環境でリズミカルに記憶することの絶大な効果を実験で実証してみせました。この記憶法は当時注目を浴び、それ以降10年間ほどにわたって世界各国で実践され、大きな成果をあげたのです。

しかしそれ以降はこのブームも収まり、この記憶法も徐々に人々

◉ 変速サジェストペディア記憶法のサンプル

リズム（秒）	息を吸う 1・2・3	息を吐く 1・2・3	4・5・6	語調
単語1	rabbit（ウサギ）	rabbit（ウサギ）	（休止）	ふつう
単語2	summer（夏）	summer（夏）		ささやく
単語3	cherry（サクランボ）	cherry（サクランボ）		命令調
単語4	tomato（トマト）	tomato（トマト）		ふつう
単語5	kitchen（台所）	kitchen（台所）		ささやく
単語6	rock（岩）	rock（岩）		命令調
単語7	strong（強い）	strong（強い）		ふつう

から忘れ去られていきました。しかし私は、この記憶法はいまだにもっともすぐれた記憶法の1つであると信じています。

実は、円周率を5万桁記憶した友寄英哲さんは、「3秒単位のリズムで記憶していくと驚くほど効果があがった」と語っています。私は6秒のリズムで息を吐き、3秒のリズムで息を吸うというリズムに乗せて記憶する変速サジェストペディア記憶法を提唱して、多くのビジネスパーソンに活用してもらっています。

やり方は簡単です。英単語を記憶する場合の例をあげて説明してみましょう。まずあなたのお気に入りのクラシックか、穏やかなイージーリスニングの音楽をかけましょう。

もちろん、iPodやスマートフォンで聴いてもかまいません。ゆったりとした気持ちでソファに座り、ゆったりとしたペースで、時計を見ながら6秒かけて息を吐いたあと、3秒かけて息を吸うペースを覚え込みましょう。

それができたら、その呼吸リズムを維持して英単語を記憶していきましょう。たとえば「apple（リンゴ）」を記憶するとき、まず

息を吸いつつ目を開けた状態で、3秒かけて「apple」と心の中で唱えながらその単語を目に焼きつけます。

次に息を吐きつつやはり3秒かけ、目を閉じてリンゴの画像をイメージしながら「apple」と心の中で唱えましょう。息を吐く残りの3秒はなにも考えず、ただ音楽だけに耳を傾ければよいのです。このリズムが記憶の基本リズムです。中には3秒・6秒のリズムよりも、4秒・8秒のもっとゆったりした呼吸のリズムを好む人もいるかもしれません。

自分がもっとも快適な呼吸のリズムに合わせて、どんどん英単語を記憶していきましょう。たとえば難解な言葉の場合は、このリズムを崩さずに同じ単語を1サイクルではなく、2〜4サイクル繰り返せば、間違いなく記憶は定着するのです。

3秒・6秒のリズムで20〜30サイクル繰り返したら、少し休憩をとりましょう。こうして次々に英単語を記憶していけば、驚くほど効率的に、しかも確実に英単語を記憶できるようになるのです。

「数字変換記憶法」もあなどれない

記憶法の中でも伝統的に使われているテクニックが、**数字変換記憶法**です。特に記憶の達人はこのテクニックを自由自在に駆使して、驚くべき速度で記憶していきます。

もちろん、あなたにとっても、このテクニックは記憶力アップに大きく貢献してくれるだけでなく、脳の活性化トレーニングとしても十分機能するでしょう。

さてそれでは、簡単にこの記憶法を説明しましょう。数字を文字に変換するには、おもに2種類の方法があります。最初の変換方式は、読み方、形態、外国語の発音、そして音感などによって、0から9までの数字に「かな」を割りあてる**機能分類変換方式**です。これを次ページの表に示します。

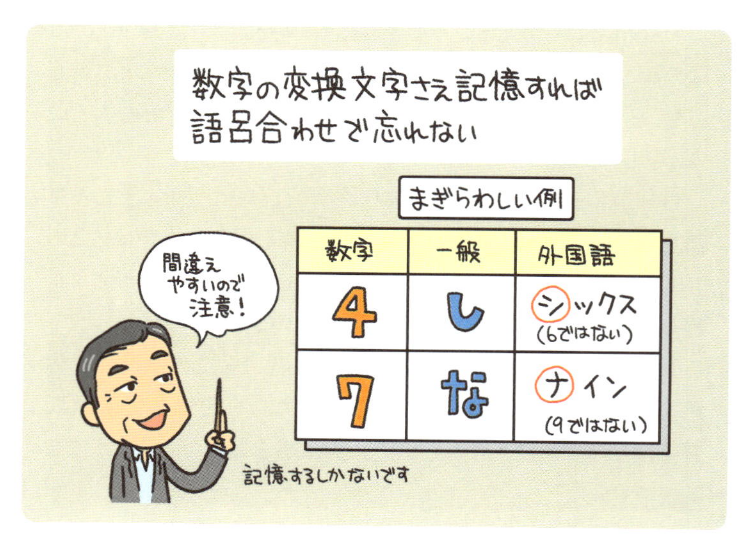

この方式の長所は、その数字の変換文字さえ記憶すれば、語呂合わせにより簡単に長期記憶に移行できることです。ただしこの方式の欠点は、完璧に変換文字を記憶するには少々根気がいることです。しかも、しっかり記憶しないとまぎらわしい変換文字があるので要注意です。

たとえばこの表によると、「し」は4の変換文字ですが、外国語で表現するとシックスの「し」になるので、6と間違えやすいのです。

あるいは、「な」はこの表では7の変換文字ですが、これも外国語分類するとナインの「な」となり、9と混同しやすくなります。これは記憶するしかないのです。

しかし、このトレーニングを積み重ねることにより、自由自在に駆使することができ、あなたは記憶の達人になれるのです。

◉ 数字→文字変換表（機能分類）

	一般	形態	外国語	音感
0	の れ	ま わ	お	
1	い ひ	と め	あ て	
2	に ふ	ゆ	つ	
3	さ み			そ
4	し よ		す ほ	
5	こ		う	も ら り る
6	む ろ			
7	な	た ぬ ね へ	せ ち	
8	は や		え	か け
9	き く ん			

※「ご」と「ファイブ」の場合は日本語を優先して「こ」とする
※「なな」と「セブン」の場合も日本語を優先して「な」とする
※「きゅう」と「ないん」の場合も日本語を優先して「き」とする（濁音、半濁音も、その基本となるかなの数字に含める）

もう1つの変換方式が、**五十音分類変換方式**です。下の表にそれを示します。この変換法の原理はいたって簡単。「1」の変換をあ行に、「2」はか行、「3」はさ行というように割りあてていけばよいのです。

「0」は、「わ」と「ん」です。もちろん濁音や半濁音も、基本となる行に割りあてられます。つまりガ行は2で、パ行は6となります。

それでは実際に、この記憶法にチャレンジしてください。たとえば自分の口座番号が7917041なら、まず機能分類変換方式で「なんとたのしい(楽しい)」と記憶すればよいのです。

あるいは五十音分類変換方式を使ってみましょう。たとえば取引先の「○○商事」の番号が275-1723なら、「きみ(君)におまかせ○○商事」と記憶すればいいのです。

このようにして洗練された語呂合わせを、すきま時間を活用し

◉ 数字→文字変換表(五十音分類)

1	あ　い　う　え　お
2	か　き　く　け　こ(濁音含む)
3	さ　し　す　せ　そ(濁音含む)
4	た　ち　つ　て　と(濁音含む)
5	な　に　ぬ　ね　の
6	は　ひ　ふ　へ　ほ(濁音含む)
7	ま　み　む　め　も
8	や　ゆ　よ
9	ら　り　る　れ　ろ
10	わ　ん

て「ああでもない、こうでもない」と考えるのも、楽しいものです。もちろん意味のない言葉でも、おまじないのように繰り返し唱えれば、簡単に暗記できるようになります。

この2種類の変換法のどちらかを選択し、コピーして手帳の裏表紙などに貼りつけておきましょう。そして人との待ち合わせ時間やタクシーの移動時間といった、1人になれるちょっとした空き時間を活用して、記憶したい数字を適切な文字に変換する作業を実行しましょう。きっとあなたは数字記憶の達人になれるはずです。

それではここで、練習問題をだしてみます。「71」の数字を2種類の変換方式により、少なくとも5つの言葉に変換してください(解答例は次ページ)。

それでは3桁の数字に挑戦してみましょう。「629」の数字を2種類の変換方式により、少なくとも5つの言葉に変換してみましょう（解答例はこのページ下）。

とにかく「習うより慣れろ」の精神で、暇を見つけて変換する習慣をつけてください。もう1つ、大切なことがあります。それは、意味のある言葉に数字を変換することに、あまりこだわらないことです。

記憶の達人は破天荒な言葉をつくりだして、どんどん記憶していくのです。確かに「$\sqrt{2}$＝一夜一夜に人見頃（ごろ）（1.41421356）や$\sqrt{3}$＝人並みにおごれや（1.7320508）」は名作ですが、気軽にわかりやすい変換で作成していくほうが苦にならず、できた文章にも愛着がわくものです。

たとえば銀行口座の番号が4356734なら「読みごろな雑誌」、電話番号が3122－3274なら「財布に札なし」でいいのです。とにかく、気軽にスイスイ文字変換できる工夫をしてください。

ふだんから意識して数字を文字に変換する習慣が、あなたを記憶の天才に仕立てあげてくれるのです。

◉ 練習問題の解答例

71

機能分類変換方式　「無（な）い」「鯛（タイ）」「瀬戸」「塀」「地位」

五十音分類変換方式　「舞」「見栄」「まあ」「姪（めい）」「舞う」

629

機能分類変換方式　「ロック」「喪服」「睦月（むつき）」「モニカ」「ルック」

五十音分類変換方式　「光」「ほくろ」「はかり」「複利」「膨（ふく）れ」

語呂合わせいろいろ

ヒト ナミニ オゴレヤ
$\sqrt{3}$ = 1.7320508

794
なくよ うぐいす
平安京

さいふに さつなし
3122-3274

よみごろ な ざっし
4356734

女性関連の番号はかわゆく＊

キュート 910　ハート 810

ドーナツ 1072　ミント 310

など

ふだんから意識して数字を文字に変換する習慣を！

これが究極の「1万項目記憶法」

とにかく記憶することを趣味にしてしまえば、あなたの脳はどんどん若返るのです。そこで究極の記憶法の登場です。なんと、1万項目の事柄を自由自在に記憶できる記憶術があります。

それは、番号に割りあてたキーワードと9種類のキーカラー（記憶のカギとなる色）を記憶するだけで、1万項目の事柄を順序立てて記憶できるというものです。これとは別に、100個のキーワードを100の数字に割りあてていく記憶法も開発されていますが、100個のキーワードをそれぞれの番号と連動して記憶すること自体が難しいので、ここでは省略します。

今回紹介する方法では、まず9種類のキーカラーを記憶し、100項目覚えたいなら10個のキーワード、1000項目なら20個のキーワード、そして1万項目なら30個のキーワードを記憶していきます。

まず、**表1**の9種類のキーカラーを記憶してください。これが項目番号の最上位に割りあてられます。このキーカラーに、私は競

表1　最上位の色

1	白
2	黒
3	赤
4	青
5	黄
6	緑
7	橙（だいだい）
8	桃
9	金

馬の枠番の色を採用しています。競馬にはない9番目のキーカラーは、印象度の高い金色を採用しました。競馬をしている人なら、即座に記憶できるでしょうし、競馬をやらない人は、とにかく色のイメージを働かせて、全部記憶してしまえばよいのです。

次に1の位のキーワードを**表2**に示します。100項目しか記憶する必要のない人は、9種類のキーカラーと1の位の10個のキーワードを覚えればいいのです。1000項目記憶する人はそれに加えて10の位を（次ページ**表3**）、そして1万項目にチャレンジしたい人は100の位（次ページ**表4**）のキーワードを記憶してください。それぞれ数字に意味のあるキーワードなので、簡単に記憶できるはずです。

それでは実際に、この記憶法で特定の事柄を記憶してみましょう。たとえば、48番目に「ニンジン」を記憶するとします。最上位の位の数字は4で、1の位は8。つまりあなたは、青と山をニンジンに結びつけて記憶すればよいのです。私なら、超巨大ニンジンがたくさん生えた山と青空を思い浮かべます。この映像から自動的に48番目は「ニンジン」と記憶できます。

表2　1の位のキーワード

0	空	「そら」を無、すなわち0と読む
1	川	川の流れを「1」の数字に見立てる
2	月	「つき」の「つ」を「TWO」と読む
3	太陽	英語の「SUN」を「サン」と読む
4	星	「ほし」の「し」を4と読む
5	砂漠	「ゴビ砂漠」の「ゴ」から5を連想
6	岩	英語の「ROCK」を6と読む
7	海	「波」を連想し、「な」から7を連想
8	山	「やま」の「や」から8を連想
9	滝	「急流」を連想し、「急」を9と読む

次に3桁の記憶にチャレンジしてみましょう。たとえば、856番目に「乾電池」を記憶するとします。最上位の位は8ですからキーカラーは桃色、10の位は5ですからキーワードは手。そして1の位は6ですから、岩がキーワード。

私なら、このようなイメージを思い浮かべます。桃色の岩から手がたくさんでていて、それぞれの手には乾電池がたくさん握られています。このイメージを記憶しておけば、856番目は乾電池であることが即座に導きだせるわけです。

さらに、4桁の記憶にチャレンジしてみましょう。ちなみに1万の手前の9999項目目の事柄が「飛行機」だとしたら、まずキーワードは「金色」(千の位)、「九官鳥」(100の位)、「救急車」(10の位)、「滝」(1の位)となります。

私なら、救急車の上にたくさんの九官鳥が留まっていて、それが滝に不時着した金色の飛行機に横づけされ、患者が運ばれているシーンを描きます。これで飛行機を簡単に思いだせるのです。

この記憶法のカギは、強烈でありえないイメージを描くことに

表3　10の位のキーワード

0	輪投げの輪	形から0を連想
1	煙突	形から1を連想
2	自転車	二輪から2を連想
3	鏡	三面鏡から3を連想
4	テーブル	4本の脚から4を連想
5	手	5本の指から5を連想
6	サイコロ	立方体の6つの面から6を連想
7	タバコ	「セブンスター」から7を連想
8	手ぬぐい	「はちまき」から8を連想
9	救急車	「救急」から9を連想

つきます。ありきたりの平凡なイメージでは、すぐに忘れてしまうでしょう。数や大きさを活用してありえないイメージを描くことにより、印象度が増して、あなたはその事柄をしっかり記憶できるのです。

最終的に9999項目まで記憶したら、1万項目目は1万円札とその事柄をジョイントして記憶すればよいのです。同じように1000項目目なら千円札、100項目目なら100円玉と結びつければ、その項目は簡単に記憶できます。

この記憶法のもう1つのすごい長所は、キーワードさえピックアップすれば、それを記憶したい項目と自由にジョイントしてイメージをつくれることです。

私の大学の先輩で、67歳になるA氏は、すでにリタイアして悠々自適の生活を送っていますが、ボケ防止の切り札として、この記憶法を習慣にして楽しんでいます。週末に家族で団らんをかねて、この記憶法を楽しんでみましょう。暇を見つけてこの記憶法にチャレンジすれば、おもしろいようにスイスイ覚えられるのです。

表4　100の位のキーワード

0	クラゲ	形から0を連想
1	ウナギ	形から1を連想
2	チンパンジー	二足歩行から2を連想
3	ミツバチ	「ミツ」から3を連想
4	牛	四足歩行から4を連想
5	ヒトデ	5本の足から5を連想
6	トンボ	6本の足から6を連想
7	七面鳥	名前から7を連想
8	タコ	8本の足から8を連想
9	九官鳥	名前から9を連想

身体は記憶のお助けツール

ときどきテレビのバラエティ番組で、目の前に並べられた15個程度の品物を、わずか数秒で記憶する記憶の達人が紹介されます。これは、手品でもなんでもありません。その気になれば、誰でも記憶できるようになります。あとは訓練次第です。

つまり記憶力は素質ではなく、記憶するテクニックと日ごろからの練習量に依存します。とにかく、記憶することを趣味にしてしまいましょう。それが記憶の達人になる近道です。

イチロー選手はおびただしい回数、バットを振り続ける作業を繰り返したから、ヒットを量産できるようになりました。それと同じように、記憶力を増進させるには、繰り返し記憶没頭モードを維持するしかないのです。なにごとも「継続は力なり」なのです。

それでは、身体記憶トレーニングのやり方を紹介しましょう。身体は、あなたにとってもっとも身近なもの。この身体を記憶のツールに活用しない手はありません。

この記憶法では、30個の事柄を記憶することができます。右図のように私は、身体のそれぞれの部位に番号をつけて記憶しています。まずこれを、順番に身体の部位を正しく意識しながら暗記していきましょう。そのうえで、記憶したい事柄をその部位に結びつけて、イメージを描いて記憶すればいいのです。

それでは例題を使って、このトレーニングを実際に実行してみましょう。

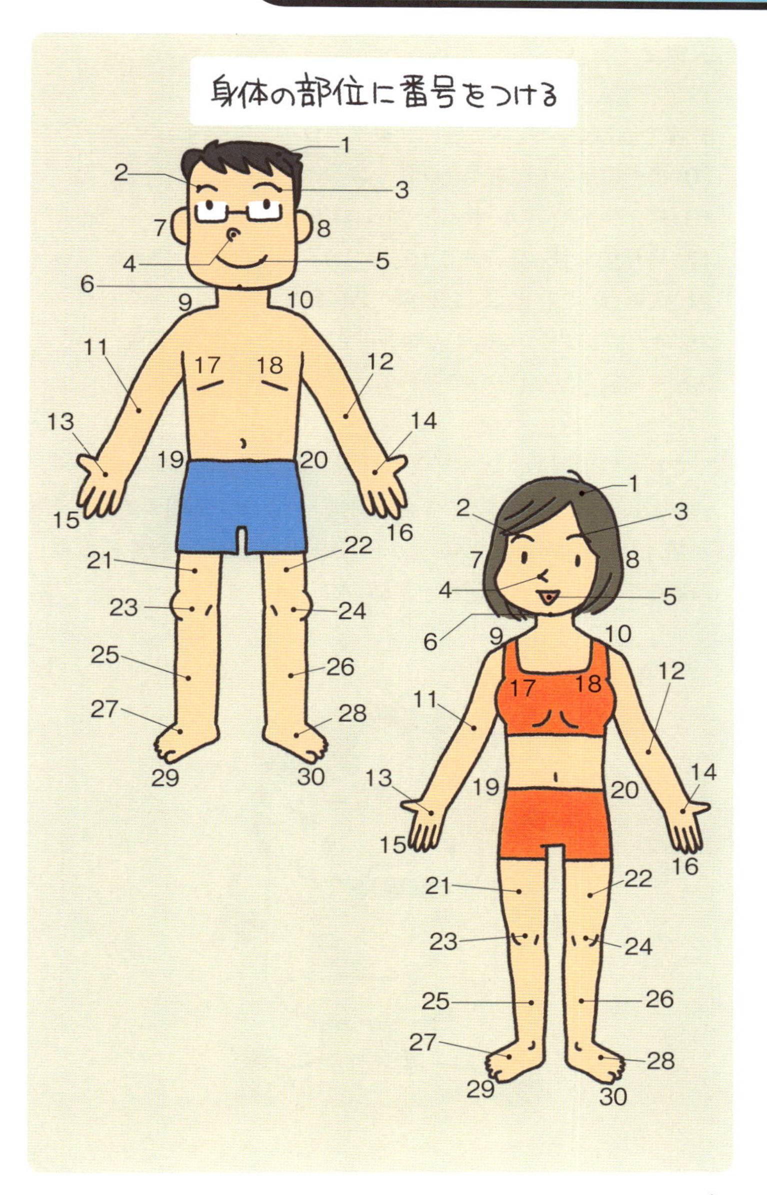
身体の部位に番号をつける
1
2
3
7
8
4
5
6
9
10
11
12
17
18
13
14
19
20
15
16
21
22
23
24
25
26
27
28
29
30

◉ **例題**

1. 宝石　2. ミカン　3. 腕時計　4. 鉛筆　5. 爪切り
6. 国会議事堂　7. ハサミ　8. 東京タワー　9. スイカ
10. 携帯電話　11. アイスクリーム　12. 白ワイン
13. ビアグラス　14. ボート　15. レモン　16. 財布
17. 吊り橋　18. 積み木　19. マンガ　20. ひまわり
21. 入道雲　22. 戦車　23. 栗　24. 乾電池
25. ホウレンソウ　26. パソコン　27. 口紅　28. 美容院
29. 三味線　30. ソフトクリーム

これらの事柄を、1つずつその番号にあたる身体の部位にイメージとして描けばよいのです。最初は、なかなか鮮明なイメージが描けないかもしれません。しかしこの記憶法を粘り強く積み重ねるうちに、あなたの力強い味方になってくれます。

第6章

記憶に奇跡を起こす日常習慣

記憶力は、さまざまな工夫をこらして、自然に集中力を高める工夫をすれば、いくらでも鍛えることができます。ここでは日常生活の中で気軽にできるトレーニングと、記憶力増強に欠かせない食品群や朝食の必要性などについて解説します。

ふだんから高速処理機能を鍛える

記憶力を増進させるには、集中力を高めること。そのためには、さまざまな工夫をこらして、自然に集中力が高まるようにすればよいのです。

その1つの工夫が、この本ですでに簡単に触れたように(p.106参照)、瞬間記憶力を高めることです。脳は本来すごい能力をもっているのですが、時間的余裕が十分あると、すぐにさぼってしまいます。とにかく徹底して知覚時間を制限することで、自然に脳は活性化するのです。

このことに関してもっとも手っ取り早い方法が、活字を使った**瞬間記憶トレーニング**です。速読を実践することにより記憶力が増進するだけでなく、脳の活性化も促進されるという、一石二鳥の効果が期待できます。

ふだんから速読を心がけることにより集中力が高まって、脳は驚くほど効率的に、しかも高速で情報処理してくれるのです。当然、単位時間あたりの記憶量も、飛躍的に増加します。

脳というものは、あなたが欲する情報を選別して瞬時に見つけてくれる、驚くべき検索能力を有しています。つまり、速読を実践することにより、欲しい情報だけを脳に届けて記憶してくれるのです。

とにかく**完璧に記憶するという姿勢をいったん葬り去って、高速で脳に記憶させる**習慣を身につけましょう。そうするとあなたは間違いなく、高速記憶の達人になれるのです。

繰り返しますが、脳はあなたが欲しいものを、驚くほど簡単に

見つけてくれる機能を有しています。たとえば、あなたが最新パソコンの購入を検討しているとします。すると、街を歩いているときに視覚を通して侵入してくる、おびただしい量の情報の中から、あなたの脳はパソコンに関する情報だけをみごとに選別してくれるのです。

あるいは通勤電車の中でも、吊り広告をはじめとする車内広告だけでなく、車窓を流れる景色の中の広告から、パソコンに関する情報を、脳は瞬時にキャッチしてくれます。たぶんあなたは、広告のほうからその情報が目に飛び込んでくる錯覚を覚えるはずです。

また、**脳のもつ高速処理機能を活用したかったら、新聞や雑誌、あるいはインターネットの情報を高速で読み取る習慣をつければよい**のです。

もちろん、最初のページから読み進む必要はありません。脳の検索機能を活用して、興味のある情報だけを脳に見つけさせればよいのです。

そういう習慣をふだんから意識的に身につけることにより、あなたは記憶の達人になれるだけでなく、情報の高速処理の達人になれるのです。

活字活用トライアル①「スキャン読書法」

私は月に100冊以上の雑誌や本に目を通すノルマを自分に課しています。私は講演や出版社の担当者の方々との打ち合わせで、ひんぱんに新幹線で関西と関東を往復しますが、そんな移動時間を目いっぱい活用する習慣を身につけています。その時間を活用して、私は本や雑誌の執筆だけでなく、論文や単行本を読む時間にあてます。

ここで私の読書法を、簡単に紹介しましょう。お目あての本を読む前に、私はその本を読み終えるのに要する時間を、あらかじめ設定するようにしています。

たとえば、私の専門分野であるスポーツ心理学の英語論文には、たっぷり時間をかけます。10ページの論文なら、1時間の制限時間をつけてキーワードを脳に探させながら、読書速度に緩急をつ

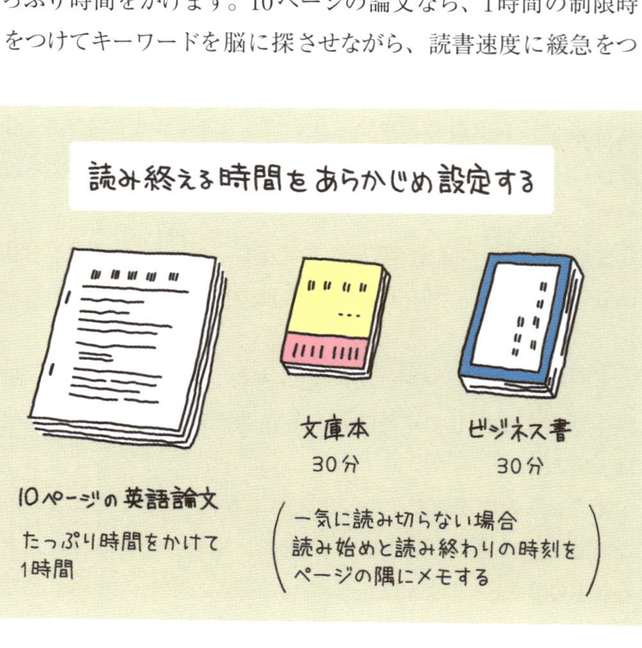

けて読み進めていくのです。

あるいは一般的な文庫本なら、たとえば30分で読み終えると宣言します。ただし1冊の本を一気に読み切ることはあまりないため、読み始めた時刻と読み終えた時刻を、それぞれのページの隅に鉛筆で小さく記す習慣を身につけています。

それでは、実際にどのような方法で本を読み進めるか、簡単に説明しましょう。たとえば200ページのビジネス書を30分で読み切るには、1ページに与えられた時間はたった10秒です。

しかし私は、長年つちかったこの読書法を身につけているため、実際にこの時間で読み終えることができるのです。つまり、自分にとって重要な部分とそうでない部分を、瞬時に見分けることに意識を払いながら読んでいくので、不要なページはわずか3～5秒でサーッと全体を把握し、すみやかに次のページに移動してしまうのです。

ビジネス書の読み方

200ページの本を30分で読むときは
1ページの時間は平均10秒程度

自分にとって不要なページは3～5秒で目を通し、次のページに移動する

そのぶん、重要な情報が含まれているページは、20～30秒かけてじっくり読めます。しかも私は常に付箋を用意して、重要な情報が含まれているページに付箋をつけることにしています。なぜなら、本を読み終わっても、そういう部分を重点的にかならず読み返す必要があるからです。

読む前にその本の難易度や重要度をしっかり把握したうえで、読み切る時間を宣言する習慣が、読書での情報収集時間を短縮してくれるのです。この読書法により、単位時間あたりの記憶量も、自然に増大していきます。当然、あなたの記憶力も高まるわけです。

繰り返しましょう。**本を読み始める前に、その1冊にかける時間を設定してから読み進める習慣が、あなたを情報処理と記憶の達人に仕立ててくれる**のです。

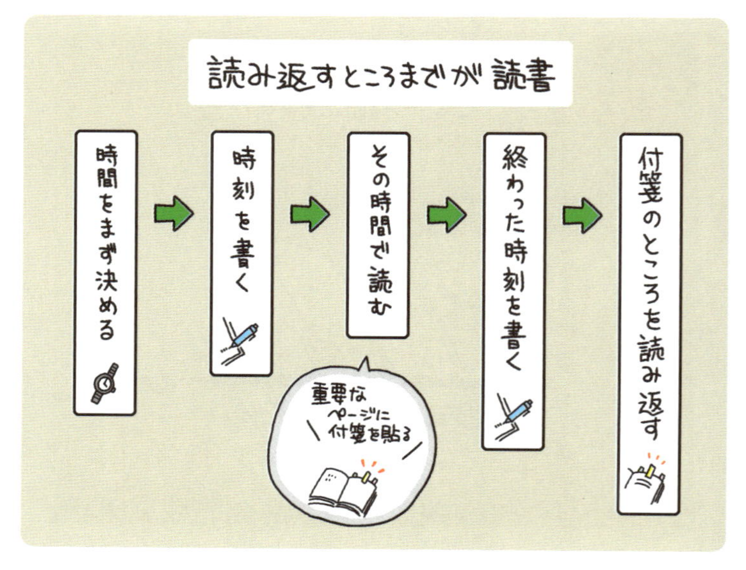

活字活用トライアル②「新聞記憶トレーニング」

毎朝読む新聞を活用して記憶力を高めるのが新聞記憶トレーニングです。私は朝5時に起きて、かならずこのトレーニングを励行します。

用意するものは、その日の朝刊と赤の細書きのサインペン、メモ用紙だけ。まず、朝刊の1面をざっと見わたして、目に飛び込んできた言葉を、赤のサインペンでマークしていきます。そして同時に、その言葉を集中して記憶していくのです。

目には、瞬時に視線を高速移動させる機能があります。試しに、両手の人さし指を立て、それぞれの手を50センチくらい離して、胸の前に差しだしてみてください。

そして、視線をできるだけ速く2本の人さし指に、交互に移動させてみましょう。驚くほど速く視線が移動することが、実感できるはずです。この機能を最大限活用して、トレーニングを励行すればよいのです。

視線のトレーニング

視線をできるだけ速く
2本の人差し指の間で
移動させる

人差し指を50cm離して
胸の前に差しだす

実際に新聞を見て、もしも記憶できない目新しい言葉があれば、すぐにメモをとりましょう。この要領で**1ページ目から最後のページまで、新聞紙全体に素早く視線を張りめぐらし、自分が興味を抱いた言葉を探しながら、同時に記憶していく**わけです。

このトレーニングが、あなたの記憶力を増大してくれるだけでなく、視線を張りめぐらせて情報を瞬時に読み取る高速情報処理能力を、驚くほど高めてくれるのです。

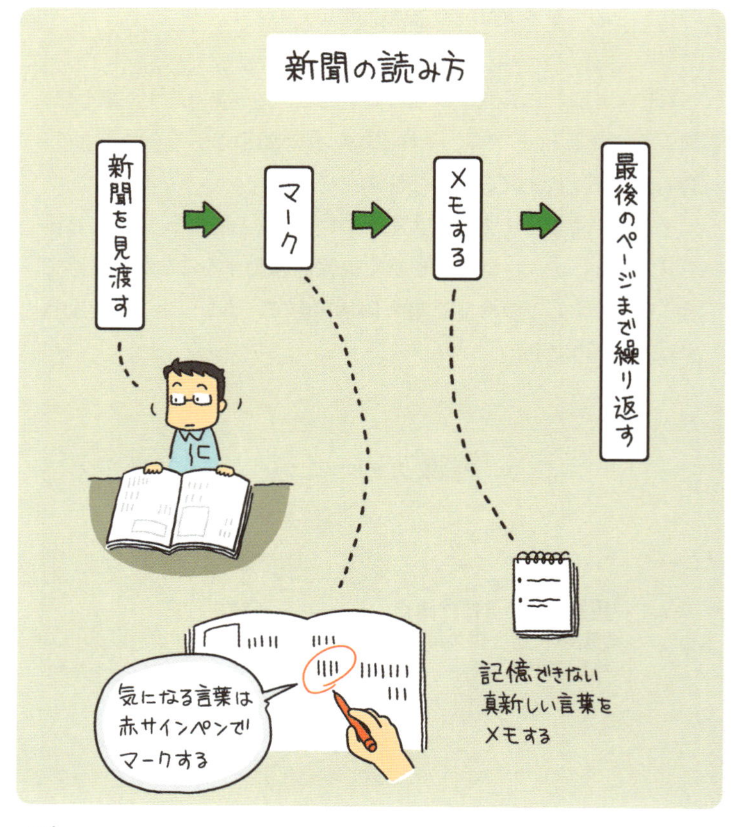

記憶力を向上させる食品

ここで、脳の健康に貢献する食品群について考えてみましょう。脳の老化を防止して、記憶力を高めたり、頭をよくする食品は本当にあるのでしょうか？

もっとも注目されている物質に、DHAがあります。これはドコサヘキサエン酸と呼ばれ、頭をよくする成分として脚光を浴びています。アルツハイマーの患者にも効果があるというデータも発表されています。

たとえば群馬大学の研究では、毎日6か月にわたり、500～950ミリグラムのDHAをアルツハイマー病患者6名に飲んでもらったところ、全員の症状が改善したといいます。あるいは、脳血管性認知症の患者においても、13人中9人の症状が改善したそうです。

DHAは、マグロの眼窩（がんか）脂肪や青魚に含まれています。1グラムのDHAを摂取するには、イワシなら2匹、サンマなら1匹で十分です。特に旬のサンマには、大量のDHAが含まれているので、ぜひ食べる機会を増やしてほしいのです。

DHAは煮たり焼いたりしても、あまり分解されることはありません。最近ではDHAを摂取できるという健康食品が、比較的安価で手に入るようになりました。

魚の嫌いな人は、これらの錠剤を毎日摂取することにより、脳の若返りを図ってもよいでしょう。当然、脳の血流もよくなり、記憶力増進にも貢献してくれます。

そのほかに注目されているのが、イチョウ葉エキスです。イチョウはあらゆる木々の中でも、もっとも古い時代から生息している植物の1つであり、その生命力の強さには定評があります。その秘密は、イチョウに含まれている成分にあったのです。

イチョウ葉エキスは、抗酸化剤として働き、アルツハイマーを誘発する因子となる活性酸素を除去する効果が期待されています。ニューヨーク医学研究所のデータでも、イチョウ葉エキスは、高齢の認知症患者の疾病進行を遅らせるのに有効だと実証されています。それによると、300人以上の軽度から中程度のアルツハイマー型と脳梗塞型の認知症患者にイチョウ葉エキスを投与したところ、患者のうち27パーセントの人の集中力が改善されたということです。

まだまだ認知度が低いイチョウ葉エキスは、きたるべき高齢化社会に向けて、これからますます注目されるようになるでしょう。

もう1つ、脳の機能回復に注目されているのが、卵黄コリンという物質です。高知医科大学の池田久男医師によるデータでは、

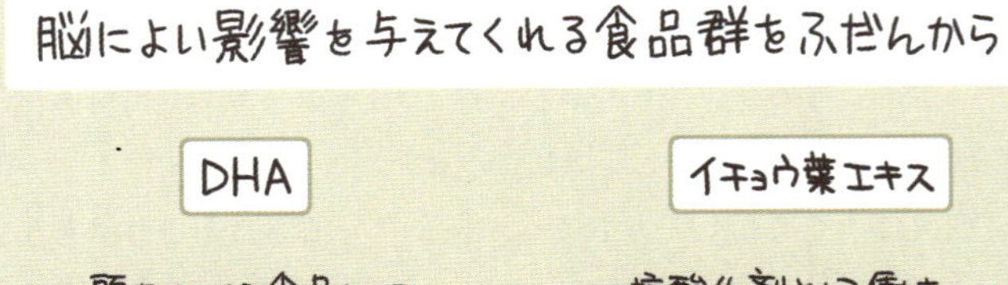

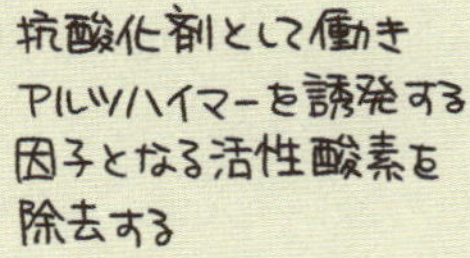

中程度のアルツハイマー患者7人に毎日5グラムの卵黄コリンを3か月食べてもらい、1か月ごとにチェックした結果、症状の改善が5人の患者に認められたというのです。

まだまだ研究段階ではありますが、血中コレステロールを高めるということで、中高年の人たちには敬遠されがちな卵も、実は善玉コレステロールを増やすという点で、もっと食生活に取り入れてもよい食品であると、私は思っています。

特に中高年の方は、ど忘れ防止や記憶力を高めるために、これら脳の機能向上を推進する成分を積極的に摂取することを忘れてはなりません。

ふだんから脳によい影響を与えてくれる食品群をとることは、記憶力増強に貢献してくれるのです。

休息こそ記憶定着のカギ

たとえば仕事において、休憩をとらず、長時間にわたって労働を続ければ、おのずからその能率は低下します。

米国のホールズ氏は、ちょっとした休憩を1時間ごとにとることによって、仕事の能率が飛躍的に向上することを、実際の現場で収集したデータにより証明しました。

彼の実験結果はこうです。1日のうちに同じ1時間の休憩をとる場合でも、1日2回に分けて30分ずつとるよりも、それを10分ずつ6回に分けてとるほうが、仕事の能率は格段にアップしたのです。あるいは、同じ休憩時間をとっても、2時間ごと

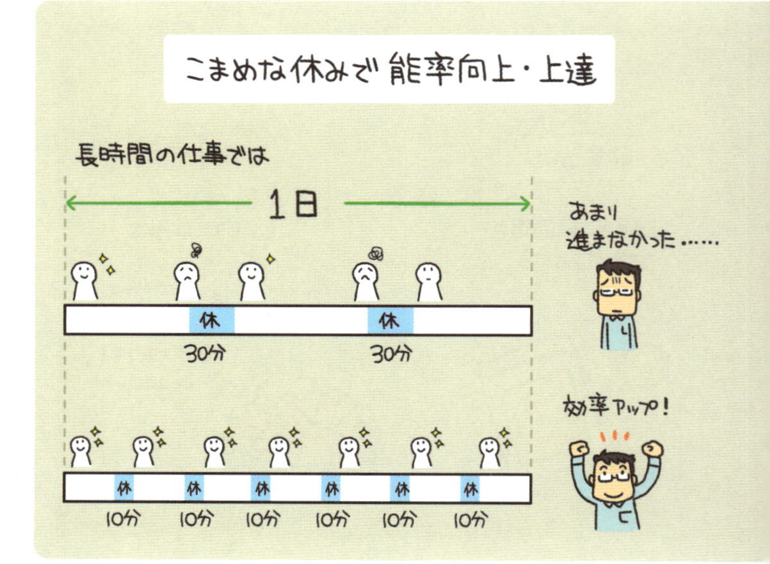

に10分休憩をとるよりも、1時間ごとに5分休憩をとるほうが、仕事の能率が高まるのです。

スポーツでも似たことがいえます。テニスを週末にまとめて4時間練習するよりも、1週間に4回、1時間ずつ練習するほうが、上達は加速するのです。

見落とされがちですが、学習においては休息こそが大切な要素です。私は、米国屈指のスポーツエリートが集まるカリフォルニア大学ロサンジェルス校で2年間学ぶ機会がありましたが、学生たちは、休息も上達にはなくてはならないものだと理解していました。練習によってマスターした技術は、そのあとの休息期間に脳に記憶して定着するという事実を、彼らはしっかりと理解していたのです。

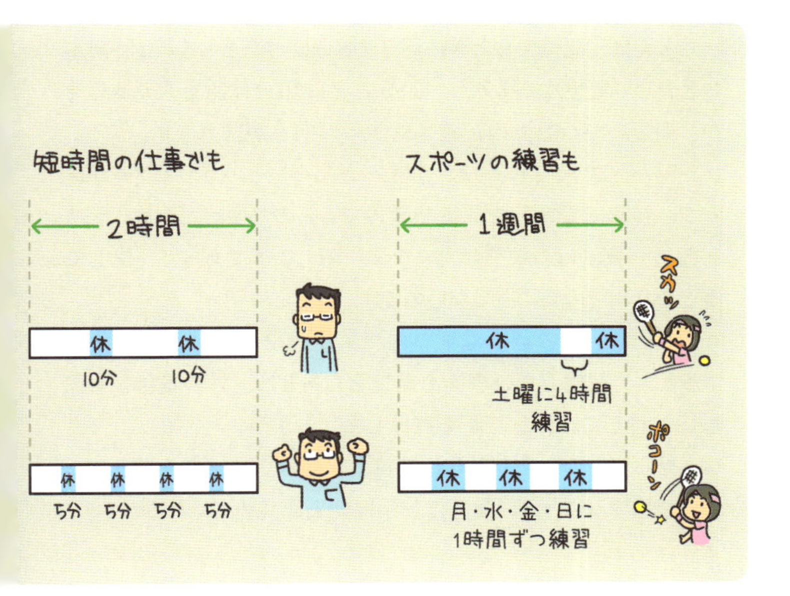

一方、日本のスポーツ現場ではどうでしょう。いまでこそ、スポーツ科学が少しずつ現場に取り入れられてきてはいるのですが、あいかわらず「練習時間を多くしさえすれば、それに比例して技術も上達する」という間違った神話が残っています。指導者が休息の価値を認めなければ、猛練習のわりに効果が上がらないのです。

カメラで撮影したフィルムも現像したままで放っておくと、その画像はとても不安定で、時間の経過とともに簡単に消えてしまいます。定着液に浸して、初めて安定した画像になるのです。

記憶もまったく同じこと。記憶を定着させるためには、休息が必要なのです。ちょうど真っ赤に溶けた鉄を鋳型に注ぐのと同じように、冷却期間を置かなければ、記憶は定着しないのです。

たとえば、記憶するときに同じ2時間かけたとして、2時間ぶっとおしで記憶するよりも、30分ごとに10分休憩を入れるほうが、間違いなく記憶の正確さや能率の向上が図れます。

記銘→休息→保持→休息→記銘→休息……というサイクルがあって、初めて安定した記憶を獲得できるのです。だから、テスト前の一夜漬けの勉強はたんなる一時しのぎであって、決して血となり肉となることはないのです。

あるいは、朝の通勤電車の中で英単語や資格試験の勉強をするとき、記憶したい事柄を記憶したあとは、外の景色にしばし目を移して、休息時間を確保しましょう。

あせらず、ゆったりとした気持ちをもって、休息をはさみながら記憶することが、驚くほど学習効果を高めてくれるのです。

記憶を定着させるには休息が必要

記憶の定着 ＝ 鉄を鋳型で固めるようなもの

ぶっ通しで記憶するより
たとえば30分ごとに10分休憩するほうが
正確さや能率はアップ

あせらずゆったりとした気持ちをもって
休息をはさみながら記憶することが大切

朝食抜きが記憶力を低下させる

ある企業でセミナーの講師を務めたとき、「毎日朝食をとっていますか？」という質問に「ハイ」と手をあげた人は、全体の55パーセントを占めました。逆にいうと、残りの45パーセントの人は、なんらかの形で朝食を抜いているのです。

これはあたり前のことなのですが、睡眠中には栄養の供給がないわけですから、朝起きたときは誰でも栄養不足の状態になっています。

だから、朝食をとらないビジネスパーソンは午前中、まるでガス欠寸前の車のようなもの。これでは、満足に仕事ができるわけがありません。当然のことながら、記憶力も悪くなります。

米国デューク大学のキース・コナーズ博士らは、朝食抜きは心拍数によくない影響を与えるだけでなく、集中力も低下することを実験で証明してみせました。

博士らは小学5年生100人を対象に、味の見分けがほとんどつかない、しぼりたてのオレンジジュースとニセのジュースを飲ませてテストを実施しました。その結果、本物のジュースを飲ませた日のほうが、テストの成績は明らかによかったといいます。

英語で朝食（breakfast）の本来の意味は、断食（fast）を破る（break）ということです。ビジネスパーソンが朝食をとらない理由は、「朝食をとる時間があるなら寝ていたい」と考えているからでしょう。そこを、1日のタイムスケジュールをなんとか工夫して、いつもより30分早く起きる努力をしてみましょう。それだけで、朝食をとろうという気持ちになるはずです。

睡眠時間を30分余計にとって、朝食抜きで家を飛びだすか、

30分早く起きて、しっかり朝食をとるかを比べたら、明らかに後者のほうがエネルギッシュに仕事に取り組めるのです。

記憶力や集中力を高めて、午前中に良質の仕事をするためには、しっかりと朝食をとる習慣を身につけなければなりません。

それでは、朝食にはどんなものを摂取すればよいのでしょうか？　脳のエネルギー源は「ブドウ糖」です。そのためにも、コーヒーや紅茶を飲むときには、砂糖を入れて糖分を補給しましょう。

どうしても「白砂糖」が嫌なら、黒砂糖やハチミツで代用すればよいのです。コーヒーや紅茶が嫌いなら、先ほど述べた果汁ジュースで糖分をしっかり補給することです。

頭脳活動には、タンパク質も不可欠。頭脳労働者は、1時間に5グラムのタンパク質が必要です。朝食で納豆、卵、豚肉、牛乳の中から2品目を選んで摂取すれば、タンパク質は十分足りるのです。

ビタミン類も、記憶力を側面からバックアップしてくれます。目をよくする「ビタミンA」、神経繊維の働きを助ける「ビタミンB_1」、そして脳の若さを維持してくれる「ビタミンE」などを、しっかりと朝食でとりましょう。

ビタミンAは緑黄色野菜や牛乳、イチゴ、海藻類などに、ビタミンB_1は豚肉や牛乳などに多く含まれています。そしてビタミンEを多く含む食品には、ホウレンソウ、ブロッコリー、植物油などがあります。

しっかりと栄養バランスを考えた朝食をとることが、あなたの記憶力増進に不可欠なのです。

《参考文献》

児玉光雄/著『脳も身体も病気にならない「海馬」活性トレーニング』(ごま書房、2006年)

児玉光雄/著『ビジネス・受験にアッという間に差をつける最新イメージ記憶術』(徳間文庫、2002年)

児玉光雄/著『40歳からのど忘れ・もの忘れ・小ボケ防止マニュアル』(明日香出版社、1999年)

南 博/編『記憶術』(光文社、1961年)

友寄英哲/著『「3秒集中」記憶術』(光文社、1988年)

権旦純/著『右脳をゆさぶる超記憶術』(天山出版、1989年)

椋木修三/著『記憶力30秒増強術』(成美文庫、2002年)

索引

すべての努力を成果に変える科学的学習の極意

勉強の技術

児玉光雄

7刷！
3万6,000部!

本体
1,000円

高校受験、大学受験、TOEIC、資格試験、昇任試験などで「絶対に結果を出したい」人は多いでしょう。もちろん、勉強には努力が不可欠で、努力せずに結果を出すことはできません。しかし、正しい勉強の仕方を知らず、やみくもに勉強しても効果は上がりません。そこで本書では、確実に結果を出せる、正しい「勉強の技術」を解説します。

第1章　脳を活性化する技術
第2章　計画する技術
第3章　理解力を高める技術
第4章　論理的思考力を高める技術
第5章　学習速度を劇的に上げる技術
第6章　集中力を手に入れる技術
第7章　モチベーションを高める技術
第8章　記憶力を強くする技術
第9章　ノートを使いこなす技術

サイエンス・アイ新書 発刊のことば

science·i

「科学の世紀」の羅針盤

20世紀に生まれた広域ネットワークとコンピュータサイエンスによって、科学技術は目を見張るほど発展し、高度情報化社会が訪れました。いまや科学は私たちの暮らしに身近なものとなり、それなくしては成り立たないほど強い影響力を持っているといえるでしょう。

『サイエンス・アイ新書』は、この「科学の世紀」と呼ぶにふさわしい21世紀の羅針盤を目指して創刊しました。情報通信と科学分野における革新的な発明や発見を誰にでも理解できるように、基本の原理や仕組みのところから図解を交えてわかりやすく解説します。科学技術に関心のある高校生や大学生、社会人にとって、サイエンス・アイ新書は科学的な視点で物事をとらえる機会になるだけでなく、論理的な思考法を学ぶ機会にもなることでしょう。もちろん、宇宙の歴史から生物の遺伝子の働きまで、複雑な自然科学の謎も単純な法則で明快に理解できるようになります。

一般教養を高めることはもちろん、科学の世界へ飛び立つためのガイドとしてサイエンス・アイ新書シリーズを役立てていただければ、それに勝る喜びはありません。21世紀を賢く生きるための科学の力をサイエンス・アイ新書で培っていただけると信じています。

2006年10月

※サイエンス・アイ(Science i)は、21世紀の科学を支える情報(Information)、知識(Intelligence)、革新(Innovation)を表現する「i」からネーミングされています。

SB Creative

science·i

サイエンス・アイ新書

SIS-410

http://sciencei.sbcr.jp/

わかりやすい記憶力の鍛え方

脳を活性化させる習慣とテクニック

2018年6月25日　初版第1刷発行

本書は2009年刊行『マンガでわかる記憶力の鍛え方』を改訂・再編集したものです

著　　者　児玉光雄

発 行 者　小川 淳

発 行 所　SBクリエイティブ株式会社
〒106-0032　東京都港区六本木2-4-5
電話：03-5549-1201（営業部）

装丁・組版　クニメディア株式会社

印刷・製本　株式会社シナノ パブリッシング プレス

ISBN 978-4-7973-9555-6

SB Creative